农业部新型职业农民培育规划教材

ZHAOQI SHENGCHANGONG

沼气生产工

邱　凌　主编

U0239215

中国农业出版社

编 写 人 员

主　编　邱凌

参编人员（以姓氏笔画为序）

王　蕾　王玉莹　王东琦　王俊鹏　王惠生

刘　芳　杨　鹏　张　月　张容婷　陈　真

陈　潇　周彦峰　郜天磊　郭　强　席新明

葛一洪　强　虹　蒲霜兰　潘君廷

编写说明

　　我国正处在加快现代化建设进程和全面建成小康社会的关键时期。我国的基本国情决定，没有农业的现代化就没有整个国家的现代化，没有农民的小康就没有全面小康社会。加快现代农业发展，保障国家粮食安全，持续增加农民收入，迫切需要大力培育新型职业农民，大幅提高农民科学种养水平。实践证明，教育培训是提升农民生产经营水平，提高农民素质的最直接、最有效途径，也是新型职业农民培育的关键环节和基础工作。为做好新型职业农民培育工作，提升教育培训质量和效果，农业部对新型职业农民培育教材进行了整体规划，组织编写了"农业部新型职业农民培育规划教材"，供各新型职业农民培育机构开展新型职业农民培训使用。

　　"农业部新型职业农民培育规划教材"定位服务培训、提高农民技能和素质，强调针对性和实用性。在选题上，立足现代农业发展，选择国家重点支持、通用性强、覆盖面广、培训需求大的产业、工种和岗位开发教材。在内容上，针对不同类型职业农民特点和需求，突出从种到收、从生产决策到产品营销全过程所需掌握的农业生产技术和经营管理理念。在体例上，打破传统学科知识体系，以"农业生产过程为向导"构建编写体系，围绕生产过程和生产环节进行编写，实现教学过程与生产过程对接。在形式上，采用模块化编写，教材图文并茂，通俗易懂，利于激发农民学习兴趣。

　　《沼气生产工》是系列规划教材之一，共有七个模块。模块一——基本技能和素质，简要介绍沼气生产工应掌握的基本知识与技能，应具备的职业道德，应了解的法律法规。模块二——沼气基础知识，内容有沼气发酵知识、沼气的系统功能、建筑知识和安全知识。模块三——农村沼气系统规划，内容有沼气发酵系统优化设计、保温增温系统规划设计、沼气输用系统建安规划。模块四——沼气主体系统建设，内容有户用沼气系统建设和中小型沼气工程建设。模块五——沼气输配与使用系统施工，内容有沼气输配系统布局，沼气管网施工，沼气净化和计量设备安装，沼气灶、沼气灯、沼气热水器安装，沼气输配系统检验。模块六——沼气配套装备建安，内容有便携式沼气分析仪、太阳能加热系统、潜水搅拌机、物料粉碎机、活塞出料器、出料潜污泵。模块七——沼气系统启动调试，内容有启动准备、投料启动、故障防除。各模块附有技能训练指导、参考文献、单元自测内容。

目 录

模块一
基本技能和素质

1 知识与技能要求

　　沼气生产工是专业从事农村户用沼气池、小型沼气工程、生活污水净化沼气工程和大中型沼气工程的建设施工、设备安装、质量检验、启动调试等的人员。要求从业人员初中毕业以上文化程度，具有一定的观察、判断、识图能力，四肢健全，手指、手臂灵活，动作协调。

　　从事或准备从事沼气生产的人员，必须通过专业培训和职业资格鉴定，获得国家沼气生产工相应等级的职业资格证书，才能从事相应的沼气生产与管理工作（图1-1）。

图1-1　沼气建设需持证上岗

沼气生产工应具备以下基本知识和技能：

（1）具备职业道德。

（2）熟悉相关法律法规。

（3）了解沼气发酵原理。

（4）掌握建筑识图、工艺和材料知识。

（5）具备沼气安全常识。

（6）了解施工准备工作内容。

（7）掌握沼气池或沼气工程主体施工技术。

（8）掌握防腐施工技术。

（9）了解质量检验工作内容。

（10）掌握保温增温设施施工技术。

（11）掌握搅拌设备安装与调试技术。

（12）掌握进出料设备安装与调试技术。

（13）掌握沼气管道选择及安装技术。

（14）掌握沼气贮气装置施工与安装技术。

（15）掌握沼气净化、计量设备安装技术。

（16）掌握检测设备安装技术。

（17）掌握沼气利用设备安装技术。

（18）了解气密性检验知识。

（19）了解沼气池或沼气工程启动准备工作。

（20）掌握沼气池或沼气工程启动调试方法。

（21）了解沼气工程有关故障处理知识。

取得不同级别
沼气生产工国家职业资格证书的条件

· 初级工

（1）经本职业初级正规培训达规定标准学时数，并取得毕（结）业证书。

（2）连续从事本职业工作1年以上。

· 中级工

（1）取得本职业初级职业资格证书后，连续从事本职业工作2年以上，经本职业中级正规培训达规定标准学时数，并取得毕（结）业证书。

（2）取得本职业初级资格证书后，连续从事本职业工作3年以上。

（3）连续从事本职业工作4年以上。

（4）取得经劳动保障行政部门审核认定的，以中级技能为培养目标的中等以上职业学校本职业（专业）毕业证书。

· 高级工

（1）取得本职业中级职业资格证书后，连续从事本职业工作2年以上，经本职业高级正规培训达规定标准学时数，并取得毕（结）业证书。

（2）取得本职业中级职业资格证书后，连续从事本职业工作3年以上。

（3）取得高级技工学校或经劳动保障行政部门审核认定的、以高级技能为培养目标的高等职业学校本职业（专业）毕业证书。

（4）取得本职业中级职业资格证书的大专以上本专业或相关专业毕业生，连续从事本职业工作1年以上。

· 技师

（1）取得本职业高级职业资格证书后，连续从事本职业工作3年以上，经本职业技师正规培训达规定标准学时数，并取得毕（结）业证书。

（2）取得本职业高级职业资格证书后，连续从事本职业工作5年以上。

（3）取得本职业高级职业资格证书的高级技工学校本职业（专业）毕业生，连续从事本职业工作满2年。

（4）取得大学本科相关专业毕业证书，并连续从事本职业工作2年以上。

· 高级技师

（1）取得本职业技师职业资格证书后，连续从事本职业工作3年以上，经本职业高级技师正规培训，达规定标准学时数，并取得毕（结）业证书。

（2）取得大学本科相关专业毕业证书，并连续从事本职业工作5年以上。

中级沼气生产工技能要求

职业功能	工作内容	技能要求	相关知识
一、沼气池施工	（一）户用沼气施工准备	1. 能完成"圈舍—厕所—沼气池三结合"设施放线 2. 能校正沼气池坑	1. "圈舍—厕所—沼气池三结合"设施布局知识 2. 沼气池坑校正方法
	（二）户用沼气池体施工	1. 能完成混凝土池底施工 2. 能完成砖、混凝土池墙施工 3. 能完成无模悬砌池顶施工 4. 能装配手动出料器具 5. 能组装商品化沼气池	1. 砖、混凝土组合施工技术要点 2. 无模悬砌池顶技术要点 3. 手动出料器装配知识 4. 商品化沼气池组装知识

（续）

职业功能	工作内容	技能要求	相关知识
一、沼气池施工	（三）户用沼气密封层施工	1. 能完成基础密封层施工 2. 能完成表面密封层施工	1. 沼气池密封基本要求 2. 沼气池密封涂料知识
	（四）户用沼气质量检验	1. 能直观检验沼气池质量 2. 能用水压法检验沼气池渗漏性 3. 能用气压法检验沼气池气密性	1. 沼气分子特性 2. 渗漏性检验方法与操作要点 3. 气密性检验方法与操作要点
二、附属设施施工	（一）户用沼气保温设施施工	1. 能布局保温设施 2. 能完成保温设施施工	1. 太阳能温室的原理 2. 保温材料性质与选择常识 3. 透光材料基础知识
	（二）厕所施工	1. 能布局户用厕所 2. 能完成户用厕所施工 3. 能装配沼液冲厕装置	1. 户用厕所功能、结构等相关知识 2. 沼液冲厕装置装配知识
三、输配设备安装	（一）户用沼气输气管路安装	1. 能安装室外输气管路 2. 能安装室外输气管路附件	1. 室外输气管路安装相关知识 2. 室外输气管路附件安装知识
	（二）户用沼气利用设备安装	1. 能安装脱硫器 2. 能安装沼气灯	1. 脱硫器安装知识 2. 沼气灯安装知识
	（三）户用沼气气密性检验	1. 能检测管路气密性 2. 能检测管路附件气密性	1. 管材气密性检测相关知识 2. 管路附件气密性检测知识
四、沼气池启动	（一）户用沼气启动准备	1. 能选择和处理接种物 2. 能判断发酵原料和水的质量 3. 能估算启动配料数量	1. 活性污泥相关知识 2. 发酵原料碳氮配比常识 3. 发酵原料浓度配比常识

（续）

职业功能	工作内容	技能要求	相关知识
四、沼气池启动	（二）户用沼气启动调试	1. 能完成原料碳氮搭配 2. 能完成原料浓度调配 3. 能配料启动沼气池	1. 沼气启动相关知识 2. 发酵原料碳氮比和浓度调配知识 3. 沼气微生物生长规律

2 职业道德

沼气生产工在沼气生产第一线，直接面向广大农民，除了应具备系统的沼气生产理论知识和操作技能外，还应具备应有的职业道德。一个合格的沼气生产工应该成为一个重岗位责任、讲职业道德、遵守职业规范、掌握职业技能、树立行业新风的德才兼备的农村能源建设队伍中的一员。沼气生产工的职业道德体现在以下几个方面：

■ 文明礼貌

沼气生产工要做精神文明的先导者，在社会主义农村精神文明建设中起模范带头作用，自觉做有理想、有道德、有文化、有纪律的先进工作者。文明沼气生产工的基本要求是：

（1）热爱祖国，热爱社会主义，热爱共产党，努力提高政治思想水平。

（2）遵守国家法律和政策。

（3）维护社会公德，履行职业道德。

（4）关心同志，尊师爱徒。

（5）努力学习，提高政治、文化、科技、业务水平。

（6）热爱工作，业务上精益求精，学赶先进。

（7）语言文雅，行为端正，技术熟练。

（8）尊重民风民俗习惯，反对封建迷信。

■ 爱岗敬业

沼气生产工要"干一行，爱一行，专一行"，积极推动沼气在农村的使用与推广。

爱岗敬业的重点是强化职业责任，对于沼气生产工来讲，保证沼气池施工质量、安全用气及沼气池正常维护与管理等就是职业责任。近几年来，推广部门采取"三包"（包技术、包质量、包农户）的形式管理沼气生产工，有效地保证了建池质量，大大减少和降低了废池发生率。因此，加强沼气生产工的职业责任意识，是保证农村沼气工程建设队伍健康发展的基础。

全国沼气生产工技能大赛

为了激发沼气生产工竞技能、学技术、比贡献的热情，农业部于 2010 年和 2012 年分别举办了全国沼气生产工技能大赛，共评选出 40 名全国沼气技术能手，并予通报表彰。

首届全国沼气技术能手：

湖北省	李家宝
内蒙古自治区	周宏波
甘肃省	杨　沛
四川省	嵆兴明
陕西省	李发宝
宁夏回族自治区	王立荣
辽宁省	冯建华
黑龙江省	艾凤春

重庆市　　　　　　刘荣超
山西省　　　　　　马存学
贵州省　　　　　　吴建清
山东省　　　　　　龚良平
青海省　　　　　　陈宗业
河南省　　　　　　张爱华
江西省　　　　　　李小栋
河北省　　　　　　陈秀海
江苏省　　　　　　李林海
湖南省　　　　　　聂爱平
吉林省　　　　　　邢继业
浙江省　　　　　　邱仲党

第二届全国沼气技术能手：
湖北省　　　　　　郑光周
辽宁省　　　　　　康　越
贵州省　　　　　　陈　勇
江苏省　　　　　　刘永全
山东省　　　　　　张庆真
湖南省　　　　　　陈远见
福建省　　　　　　王小兵
宁夏回族自治区　　李鹏升
广西壮族自治区　　庞　强
浙江省　　　　　　方勇军
陕西省　　　　　　杨林奎
四川省　　　　　　齐　超
海南省　　　　　　唐甸庭
甘肃省　　　　　　张虎平
山西省　　　　　　王金贵

大连市	王宝粟
江西省	左福滚
安徽省	蔡永仓
河南省	杨国松
重庆市	刘荣超

诚实守信

诚实守信是为人之本，从业之要。沼气生产工在从业中要与用工单位或农户签订协议，作为劳动合同与契约，既是沼气生产工的护身符，同时又是监督沼气生产工尽职尽责、保证施工单位或农户利益的有效机制，以保证双方免受经济损失。要杜绝不诚实守信现象，如出工不出力、以次充好、销售假冒伪劣产品等。在沼气生产中，要避免为赶工程进度和施工数量而降低建设质量的现象。

沼气生产工要尽心尽力、尽职尽责、踏踏实实地完成本职工作，自觉做一个诚实的劳动者。

团结互助

沼气生产工要讲团结互助精神。第一，同事之间要相互尊重。在建设沼气工程，或集中在项目村或乡上建造户用沼气池中，要求融洽相处，不论资历深浅、能力高低、贡献大小，在人格上都是平等的，都应一视同仁，互相爱护；在施工过程中，要相互切磋，求同存异，尊重他人意见，决不可自以为是，固执己见。第二，师徒之间要相互尊重。师傅要关心、爱护、平等相待徒弟，传授技艺毫无保留，循循善诱，严格要求；徒弟要尊敬、爱护师傅，要礼貌待人，虚心学习技艺，提高水平，正确对待师傅的批评指教，自觉克服缺点与不足，还要主动多干重活、累活，帮助师傅多干些辅助性工作，即使学成之后，仍要保持师徒情谊，相互学习，共同提携后人。第三，要尊重农户。农户是沼气生产工服务的主体，是沼气生产工生存与发展的基础，因此应该尊重农户。对农户一视同仁，热情服务。

■ 勤劳节俭

沼气生产工应该以勤为本，勤于动脑，勤于学习，勤于实践，这样才能精益求精，只有这样才能多建池，建好池，才能造福于农户与农村经济。同时要勤于劳动，不怕吃苦，才能有所收获，才能致富，切忌游手好闲，贪图安逸。沼气生产工同时应该以节俭为怀，我国农村经济还不发达，许多农户相对贫困，因此，在沼气池规划及施工中不要浪费材料，以降低和减轻农户的负担，同时培养自身节俭持家的习惯。

■ 遵纪守法

沼气生产工在职业活动中，应遵纪守法，首先，必须认真学习法律知识，树立法制观念，并且了解、明确与自己所从事的职业相关的职业纪律、岗位规范和法律规范，如《中华人民共和国劳动法》《中华人民共和国环境保护法》《中华人民共和国节约能源法》《中华人民共和国合同法》《中华人民共和国民法》等，只有懂法，才能守法；只有懂法，才会正确处理和解决职业活动中遇到的问题。其次，要依法做文明公民。懂法重要，守法更重要，只有严格守法，才能实现"法律面前人人平等"，如果谁都懂法，但谁都不守法，即使有最好的法律，也等于一纸空文，起不到丝毫的作用。第三，要以法护法，维护自身的正当权益。在从事沼气生产工职业活动中难免发生侵权现象，如遇此事，要正确使用法律武器，以维护自己的合法权益，切忌使用武力、暴力等带有黑社会性质的行为，不但不能达到目的，反而会受到法律的严惩。

沼气生产工在从业过程中，还要遵守行业规范，不要投机取巧，避免不良后果，甚至灾难的发生。沼气生产工在沼气池施工及管理过程中有一系列的具体要求，如建筑施工规范、气密闭性检验、输配管路安装规范、发酵工艺规范等，要求规范化执行与操作，方能保证安全生产，保障人身和财产的安全，避免不必要的损失。

3 法律法规

在沼气生产工职业活动中，要学习和了解相关法律法规知识。按照法律规范和约束自己的行为，按照法律维护自己的切身利益。

■ 消费者权益保护

保护消费者合法权益的法律主要是《中华人民共和国消费者权益保护法》。作为沼气生产工，需要了解以下主要内容：

（1）消费者权益保护法的宗旨在于保护消费者的合法权益，维护社会经济秩序，促进社会主义市场经济的健康发展。

（2）经营者与消费者进行交易，应遵循自愿、平等、公平、诚实信用的原则。自愿，指经营者与消费者之间的交易行为完全是双方意愿表示一致的结果，不存在强买强卖。平等，是指当事人之间的法律地位平等，即平等地享有权利，履行义务。公平，是指当事人之间的权利、义务与责任要公平合理。诚实信用，是指交易双方意愿表示要真实，对与交易有关的情况不隐瞒，不作虚假表示，双方的目的、行为出于善意。

（3）国家禁止经营者在提供商品和服务时，侵犯消费者的人身权、财产权等其他合法权益。

（4）消费者在购买、使用商品和接受服务时，享有其合法财产不受损害的权利。

（5）消费者在购买、使用商品和接受服务时，有对商品和服务的名称、质量、价格、用途和使用方法等相关情况进行全面、充分的了解的权利。

（6）消费者有依照国家法律、行政法规，根据自己的消费需求、爱好和情趣，完全自主地选择自己满意的商品和服务的权利。

（7）消费者在购买商品或者接受服务时，可获得质量保障、价格合理、计量正确等公平交易条件，有权拒绝经营者的强制交易。

（8）消费者因购买、使用商品或者接受服务时受到人身、财产损害的，消费者或者使用者可以依法要求商品生产者或经营者、服务提供者承担赔偿责任。

（9）经营者应当听取消费者对其提供的商品或者服务的意见，接受监督。

（10）经营者所提供的商品和服务可能危及消费者人身、财产安全时，应当向消费者做出真实的说明和明确的提示，并说明和标明正确使用商品和接受服务的方法以及防止危害发生的方法。

（11）经营者不得对商品和服务作虚假或令人误解的虚假宣传，以通行的方式标明有关真实信息，真实、明确地答复消费者的询问。

■ 劳动者权益保护

保护劳动者合法权益的法律主要是《中华人民共和国劳动法》。沼气生产工作为普通劳动者，享有平等就业和选择职业的权利、取得劳动报酬的权利、休息休假的权利、获得劳动安全卫生保护的权利、接受职业技能培训的权利、享受社会保险和福利的权利、提请劳动争议处理的权利以及法律规定的其他劳动权利。

沼气生产工应当完成劳动任务，提高职业技能，执行劳动安全卫生规程，遵守劳动纪律和职业道德。

国家提倡劳动者参加社会义务劳动，开展劳动竞赛和合理化建议活动，鼓励和保护劳动者进行科学研究、技术革新和发明创造，表彰和奖励劳动模范和先进工作者。

建立劳动关系应当订立劳动合同。订立和变更劳动合同，应当遵循平等自愿、协商一致的原则，不得违反法律、行政法规的规定。劳动合同依法订立即具有法律约束力，当事人必须履行劳动合同规定的义务。违反法律、行政法规的劳动合同或采取欺诈、威胁等手段订立的劳动合同，是无效劳动合同，没有法律约束力。劳动合同应当以书面形式订立，主要内容包括：①劳动合同期限。②工作内容。③劳动保护和劳动条件。④劳动报酬。⑤劳动纪律。⑥劳动合同终止的条件。⑦违反劳动合同的责任。

　　劳动者在劳动过程中必须严格遵守安全操作规程。劳动者对用人单位管理人员违章指挥、强令冒险作业，有权拒绝执行；对危害生命安全和身体健康的行为，有权提出批评、检举和控告。

▎能源节约

　　沼气生产工在农村能源建设的生产活动中，要提高能源利用效率和经济效益，保护环境，遵守《中华人民共和国节约能源法》。

　　节能是采取技术上可行、经济上合理以及环境和社会可以承受的措施，减少从能源生产到消费各个环节中的损失和浪费，更加有效、合理地利用能源。

　　节能是国家发展经济的一项长远战略方针。国家制定节能政策，编制节能计划，并纳入国民经济和社会发展计划，是为了保障能源的合理利用，并与经济发展、环境保护相协调。

　　沼气生产工应当履行节能义务，有权检举浪费能源的行为。不得生产、销售国家明令淘汰的用能产品，不得使用国家明令淘汰的用能设备，并不得将淘汰的设备转让给他人使用。不得使用伪造的节能质量认证标志或者冒用节能质量认证标志。

　　国家鼓励、支持开发先进节能技术，引导采用先进的节能工艺、技术、设备和材料，对节能示范工程和节能推广项目给予支持。

　　沼气生产工在沼气系统的设计和建造时，应当采用节能型的建筑结构、材料、器具和产品，提高保温隔热性能，减少能耗，积极推广在节能工作中证明技术成熟、效益显著的通用节能技术。

▎环境保护

　　保护和改善生活环境与生态环境是每个公民的责任和义务。沼气生产工在生产活动中，应严格遵守《中华人民共和国环境保护法》。

　　沼气生产工不仅有保护环境的义务，还有权对污染和破坏环境的单位和个人进行检举和控告。

　　造成环境污染危害的，有责任排除危害，并对直接受到损害的单位或者个人赔偿损失。

　　违反规定、造成重大环境污染事故、导致公私财产重大损失或者人身伤亡的严重后果的，对直接责任人员依法追究刑事责任。

　　违反规定，造成土地、森林、草原、水、矿产、渔业、野生动植物等资源破坏的，要承担法律责任。

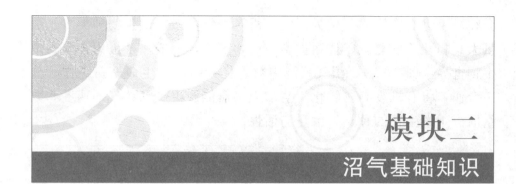

模块二
沼气基础知识

沼气是有机物质在厌氧条件下经沼气微生物的发酵作用而生成的一种可燃性气体，其主要成分是甲烷和二氧化碳。沼气是一种方便清洁的高品位气体燃料，可以直接炊事和照明，也可以供热、烘干和做蔬菜栽培的气肥。沼液、沼渣是一种缓速兼备的优质有机肥料和营养丰富的养殖饵料，对其综合利用，可产生显著的综合效益。沼气系统作为美丽乡村和循环农业的纽带，在改善农村环境卫生，促进农业增产、农民增收和农村经济可持续发展中发挥着越来越重要的作用。

1 沼气发酵知识

■ 沼气发酵原理

沼气发酵又称为厌氧消化、厌氧发酵和甲烷发酵，是指有机物质（如人畜家禽粪便、果菜废料、餐厨垃圾、秸秆废料等）在一定的水分、温度和厌氧条件下，通过种类繁多、数量巨大、功能各异的各类微生物的分解代谢，最终形成甲烷和二氧化碳等混合性气体（沼气）的过程。

（一）沼气发酵微生物

沼气发酵是一个复杂的微生物生产过程。只有有了大量的沼气微生物，并使各种类群的微生物得到最佳的生长条件，各种有机原料才会在微生物的作用下转化为沼气。沼气发酵体系中微生物种类多、数量大、相互关系复杂、代谢类型与产物多样，形成一个极为神奇的微生物世界（图2-1）。沼气系统中数以亿计的微小生命勤奋工作、分工合作，将有机废弃物转化为清洁生物质能源甲烷。产气的速度和数量取决于微生物的种类、数量与活性。

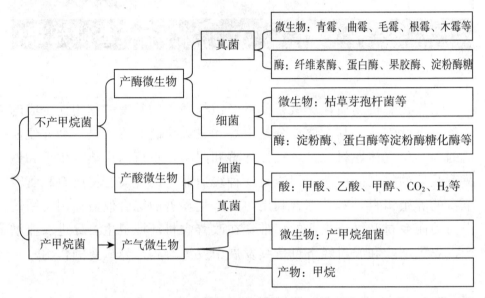

图2-1　沼气发酵微生物及所产的酶

沼气微生物包括发酵性细菌、产氢产乙酸菌、耗氢产乙酸菌、食氢产甲烷菌、食乙酸产甲烷菌五大类群，这些微生物按照各自的营养需要，起着不同的物质转化作用。从复杂有机物的降解，到甲烷的形成，就是由它们分工合作和相互作用而完成的。

在沼气发酵过程中，五大类群细菌构成一条食物链，从各类群细菌的生理代谢产物或它们的活动对发酵液酸碱度（pH）的影响来看，沼气发酵过程可分为产酸阶段和产甲烷阶段。前三群细菌的活动可使有机物形成各种有机酸，将其统称为不产甲烷菌。后二群细菌的活动可使各种有机酸转化成甲烷，将其统称为产甲烷菌。

1. 不产甲烷菌。不产甲烷菌能将纤维、半纤维、淀粉、蛋白质、脂肪等复杂有机物分解成乙酸、丙酸、丁酸等简单的小分子质量的物质，为产甲烷菌提供基质。通过不产甲烷菌的活动，各种复杂有机物可生成有机酸和二氧化碳等。通过有机酸成分及含量的测定，可以知道厌氧消化过程的进行是否正常。不产甲烷菌的形态见图2-2。

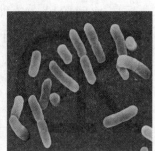

枯草杆菌(产淀粉酶、蛋白酶)　　乙酸产生菌(产乙酸)　　乳酸菌(产乳酸)

图2-2　不产甲烷菌的形态

2. 产甲烷菌。 产甲烷菌是沼气发酵微生物的核心，它们严格厌氧，适宜在中性环境中繁殖，依靠乙酸、二氧化碳和氢生长，并以废物的形式排出甲烷。产甲烷菌生长缓慢，给沼气发酵带来很多困难和问题，在发酵启动时，需加入大量甲烷菌种。产甲烷菌的形态见图2-3。

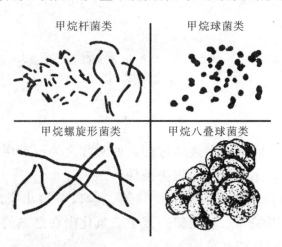

图2-3　产甲烷菌的形态

（二）沼气发酵过程

沼气发酵过程实质上是微生物的物质代谢和能量转换过程，在分解代谢过程中沼气微生物获得能量和物质，以满足自身生长繁殖，同时大部分物质转化为甲烷和二氧化碳。从有机物质进入沼气池到产出沼气，一般经历"水解→产酸→产甲烷"三个阶段。

1. 水解阶段。各种固体有机物通常不能进入微生物体内被微生物利用，必须将固体有机质水解成分子质量较小的可溶性物质，常年进入微生物细胞之内被进一步分解利用。

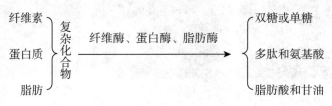

图 2-4　水解发酵阶段

2. 产酸阶段。各种可溶性物质在细菌酶的作用下，继续分解转化成低分子物质，如丁酸、丙酸、乙酸简单有机物质，同时也有部分氢、二氧化碳、氨等无机物的释放。在这个阶段中，主要的产物是乙酸，约占 70% 以上。参加这一阶段的细菌称之为产酸菌。

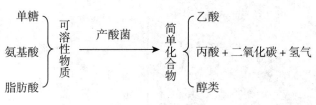

图 2-5　产酸阶段

上述两个阶段是一个连续过程，通常称之为不产甲烷阶段，它是复杂的有机物转化成沼气的先决条件。

3. 产甲烷阶段。由产甲烷菌将第二阶段分解出来的乙酸等简单有机物分解成甲烷和二氧化碳，其中二氧化碳在氢气的作用下还原成甲烷。这一阶段是产气阶段。

综上所述，有机物变成沼气的过程，好比工厂里生产一种产品的 3 道工序，1～2 道工序是分解细菌将复杂有机物加工成半成品——结构简单的化合物，第三道工序是在甲烷菌的作用下，将半成品加工成产品即生成甲烷气。

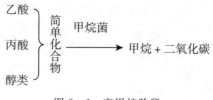

图 2-6 产甲烷阶段

（三）沼气发酵基本条件

1. 沼气发酵原料。在沼气发酵过程中，发酵原料既是产生沼气的底物，又是沼气发酵细菌赖以生存的养料来源。畜禽粪尿、农作物秸秆、果菜废料、餐厨垃圾、杂草树叶以及农产品加工废物、废水等都是良好的沼气发酵原料。

（1）沼气发酵原料的类型。根据原料的溶解性和固体物含量的高低，可将发酵原料划分成若干类型（表 2-1）。一般可溶性废水容易消化，有机物分解率可达 90％以上，适宜采用升流式厌氧污泥床、内循环厌氧消化器或厌氧滤器等发酵工艺。中低固体含量的原料分解率在 60％以上，适宜采用厌氧接触工艺、升流式固体反应器或塞流式反应器进行处理。高固体、低木质的原料适宜采用全混合厌氧消化器、旋动式厌氧消化器发酵工艺。高固体高木质原料适宜采用热解工艺制造燃气。

表 2-1 沼气发酵原料的类型

类　型	固体物含量（％）	举　例
可溶性原料	<1	酒醪滤液、豆制品废水
低固体原料	1～6	酒醪，丙丁醪，鸡、猪舍冲水
中固体原料	6～20	牛粪、马粪
高固体低木质原料	>20	玉米秸、生物质垃圾
高固体高木质原料	>20	杂白杨、锯末

（2）发酵原料产气量评价。各种发酵原料的产气量和产气速度可通过测定而得到。常见发酵原料的产气量及产气速率见表 2-2。

表 2-2 常见发酵原料的产气量及产气速率

发酵原料	产气速率（%）					产气量（米³/千克）
	发酵天数（天）					
	10	20	30	40	60	
猪　粪	74.2	86.3	97.6	98.0	100	0.42
人　粪	40.7	81.5	94.1	98.2	100	0.43
马　粪	63.7	80.2	89.0	94.5	100	0.34
牛　粪	34.4	74.6	86.2	92.7	100	0.30
玉米秸	75.9	90.7	96.3	98.1	100	0.50
麦　秸	48.2	71.8	85.9	91.8	100	0.45
稻　草	46.2	69.2	84.6	91.0	100	0.40
青　草	75.0	93.5	97.8	98.9	100	0.44

（3）发酵原料碳氮配比。发酵原料的碳氮比不同，其发酵产气情况差异也很大。沼气发酵细菌消耗碳的速度比消耗氮的速度要高20～30倍。碳氮比例配成（20～30）：1可以使沼气发酵在合适的速度下进行。常用发酵原料的碳氮比见表2-3。

表 2-3 常用发酵原料的碳氮比

原料名称	碳素占原料比例（%）	氮素占原料比例（%）	碳氮比
鲜牛粪	7.30	0.29	25.00：1
鲜马粪	10.0	0.42	24.00：1
鲜猪粪	7.80	0.60	13.00：1
鲜羊粪	16.0	0.55	29.00：1
鲜人粪	2.50	0.85	2.90：1
鲜人尿	0.40	0.93	0.43：1
鸡粪	35.7	3.70	9.70：1
干麦草	46.0	0.53	87.00：1
干稻草	42.0	0.63	67.00：1
玉米秆	40.0	0.75	53.00：1
花生秆	11.00	0.59	19.00：1

（续）

原料名称	碳素占原料比例（%）	氮素占原料比例（%）	碳氮比
油菜秆	38.40	2.09	18.00∶1
大豆秆	41.00	1.30	32.00∶1
蚕豆秆	40.90	1.94	21.00∶1
芦笋秸秆	75.11	2.19	34.30∶1
甘蓝菜叶	52.08	2.33	22.35∶1
西红柿秧	30.13	2.43	12.40∶1
茄子秧	34.14	2.02	16.90∶1
红薯藤叶	36.00	5.30	6.80∶1
水葫芦茎	36.55	3.31	11.04∶1
水花生	34.50	3.89	9.00∶1
水浮莲	23.60	1.42	17.00∶1
早熟禾	63.04	2.10	30.00∶1
聚合草	532.00	29.80	17.85∶1
土豆茎叶	36.80	2.130	17.00∶1
甜瓜茎叶	26.00	2.82	9.22∶1

在沼气发酵的启动阶段，碳氮比不应大于30∶1。实践证明，低碳氮比的发酵原料启动较快，高碳氮比的发酵原料启动缓慢，且容易酸化失败。在沼气池正常运行过程中，碳氮比在（6～30）∶1的范围内仍然合适。只要沼气池内的碳氮比适宜，进料的碳氮比则可高些。

农村沼气发酵原料以人畜粪便和农作物秸秆为主，按碳氮比（20～30）∶1配料，可以使沼气发酵在适宜的营养条件下进行，以求顺利启动和获得较高的产气量。

在原料配比中，根据原料产气率高低和产气快慢，相互搭配使用，保证发酵过程中既有较高的产气量，又利于均衡产气。

（4）发酵原料用量。生产1米³沼气所需要的发酵原料用量参考表2-4。

表2-4　生产1米³沼气的发酵原料用量

发酵原料	含水率（％）	沼气生产转换率（米³/千克）	生产1米³沼气的原料用量（千克）	
			干重	鲜重
猪粪	82.00	0.25	4.00	13.85
牛粪	83.00	0.19	5.26	26.21
鸡粪	70.00	0.25	4.00	13.85
人粪	80.00	0.30	3.33	16.65
干稻草	17.00	0.26	3.84	4.44
干麦草	18.00	0.27	3.70	4.33
玉米秸	20.00	0.29	3.45	4.07
水葫芦	93.00	0.31	3.22	45.57
水花生	90.00	0.29	3.45	34.40

2. 厌氧活性微生物。厌氧活性微生物是人工制取沼气的内因条件，沼气发酵的前提条件就是要接入含有大量厌氧活性微生物的接种物。给新建的沼气装置加入丰富的厌氧活性菌种，目的是很快启动发酵，而后又使其在新的条件下繁殖增生，不断富集，以保证大量产气。农村沼气池一般加入接种物的量为总投料量的10％～30％。在其他条件相同下，加大接种量，产气快，气质好，启动不易出现偏差。

3. 厌氧环境。沼气微生物的核心菌群——产甲烷菌是一种严格厌氧性细菌，只能在严格厌氧的环境中才能生长。所以，沼气池要严格密闭，不漏水，不漏气，这不仅是收集沼气和贮存沼气发酵原料的需要，也是保证沼气微生物在厌氧的生态条件下生活得好，使沼气池能正常产气的需要。

4. 发酵温度。发酵温度是影响产气率高低的最重要外因条件。发酵温度适宜则沼气微生物繁殖旺盛、活力强，厌氧分解和生成甲烷就快，产气就多（表2-5）。

表 2 - 5 沼气原料在不同温度下的产气率

发酵原料	发酵温度（℃）	容积产气率 ［米³/（米³·天）］
猪粪＋稻草	29～31	0.55
猪粪＋稻草	24～26	0.21
猪粪＋稻草	16～20	0.10
猪粪＋稻草	12～15	0.07
猪粪＋稻草	8 以下	微量

根据发酵温度的高低，将沼气发酵工艺分为 6 个温度范围：（55±3）℃称高温发酵，（35±3）℃称中温发酵，（30±2.5）℃称近中温发酵，（25±2.5）℃称高常温发酵，（20±2.5）℃称中常温发酵，（15±2.5）℃称低常温发酵。

高温发酵的产气率是中温发酵的 2.5 倍，但要维持沼气发酵装置的高温运行能耗较大，从净能产量来看，高温发酵并不合算。就实际应用情况而言，高温发酵一般用于发酵原料温度高或有废热可利用的单位，如酒精废醪的沼气发酵多采用高温发酵。此外，高温发酵也用于需要杀灭有害生物的废物处理，如人粪的高温厌氧消化，达到杀灭致病菌和寄生虫卵的效果。

根据工程实践，一般认为 35℃左右的发酵温度产气效率最高，可以明显提高净能产量。在我国绝大部分地区，如果要使沼气发酵工艺常年稳定运行，必须采取增温、保温措施，尽管配套加热和保温系统会加大投资，但从获得最佳净产能量而言，这些设备是建设一个完备工程所必需的。

常温发酵的温度随季节而变化。农村户用沼气池当池温保持在 15℃以上时，基本可保证用气。因此，建设具有增温保温功能的"一池三改"户用沼气系统是保证系统产气率和永续利用的基础。

5. 酸碱度。沼气发酵的最适 pH 为 6.8～7.4，6.4 以下、7.6 以上都对产气有抑制作用。pH 在 5.5 以下，产甲烷菌的活动则完全受到抑制，pH 上升至 8 甚至 8.5 时，仍能保持相当高的产气率。影响 pH 变化的因素主要有发酵原料的 pH、在启动沼气发酵装置时投料浓度过高、进料中混入大量强酸或强碱。

6. 发酵负荷。

（1）容积有机负荷。单位体积沼气发酵装置每天所承受的有机物的量，其大小主要由厌氧活性污泥的数量和活性决定。

（2）水力负荷。单位体积沼气发酵装置每天所承受发酵料液的体积。在同样容积有机负荷条件下，发酵原料浓度不同，投料体积则不一样，这就构成不同的水力负荷。有机物浓度高则水力负荷低，有机物浓度低则水力负荷高。当有机物浓度基本稳定时，水力负荷则成为工艺控制的主要条件。

（3）污泥负荷。单位质量厌氧活性污泥每天所承受的有机物的量。在沼气发酵装置运行过程中确定容积负荷的根据是污泥负荷。

容积负荷的控制目标在于获得较高的单位体积沼气发酵装置的有机物去除率，同时可获得较高的沼气产率和较低出水有机物浓度。负荷太高，会使产酸和产甲烷速度失调，沼气发酵装置的效率反而降低；负荷太低，由于营养物质不足，使细菌处于饥饿状态，污泥增长慢，难以培养出性能良好的活性污泥。

在沼气发酵装置启动初期主要是污泥的驯化，一般负荷较低，使接种污泥中的微生物能尽快适应所处理有机物的要求，然后则以积累污泥为主，给污泥以较高负荷，使其迅速生长。随着污泥量的增长，负荷不断提高，沼气发酵装置内积累了足够的污泥，这时启动即告完成，而进入正常运行阶段。在这个阶段根据沼气发酵目的不同而确定容积负荷。如以生产沼气为主，则可负荷稍高，充分发挥沼气发酵装置去除有机物并生产沼气的能力；如以环境为主，则可适当降低容积负荷而保证出水标准。

通过沼气发酵原料不同浓度下的原料搭配，选择常用发酵原料的最优含水量和配水比参考表 2-6。

表 2-6 农村常用沼气原料不同浓度发酵配料

单位：千克/米³

配料组合	质量比	6%浓度		8%浓度		10%浓度	
		加料	加水	加料	加水	加料	加水
鲜猪粪		333	667	445	555	555	442
鲜牛粪		353	647	471	529	588	412
鲜骡马粪		300	700	400	600	500	500
猪粪：麦草	4.5：1	164：36	801	217：48	735	272：60	668
猪粪：稻草	3.6：1	145：40	816	193：53	754	241：66	693
猪粪：玉米秆	3：1	133：45	822	177：60	763	221：75	704
猪粪：牛粪	1.5：3	112：240	647	150：320	530	208：499	412
牛粪：麦草	40：1	331：8	661	440：11	549	551：14	435
牛粪：稻草	30：1	319：11	671	424：14	562	530：18	452
牛粪：玉米秆	28：1	308：13	679	410：18	572	513：22	465
牛粪：马粪	随机	350	650	460	540	550	450
人粪：麦草	1.8：1	92：51	857	122：68	810	153：85	762
人粪：稻草	1.5：1	80：53	867	107：71	822	134：90	776
人粪：玉米秆	1.1：1	68：60	872	90：80	830	112：100	789
猪粪：人粪：麦草	2：0.8：1	89：34：45	833	119：45：60	777	148：56：74	723
猪粪：人粪：稻草	2.5：0.5：1	108：22：43	828	145：29：58	768	180：36：72	712
猪粪：人粪：玉米秆	2：0.2：1	100：10：50	840	134：13：67	786	167：17：84	732
猪粪：牛粪：麦草	3：1：0.5	159：53：27	762	212：71：35	682	264：88：44	604
猪粪：牛粪：稻草	3.5：1：1	126：36：36	802	170：49：49	733	212：61：61	667
猪粪：牛粪：玉米秆	2.2：1：1	86：78：39	797	115：104：52	729	143：130：65	662
猪粪：人粪：牛粪	1：0.5：3.2	75：37：240	648	100：50：320	530	125：63：400	412
青草：稻草：猪粪	1：1：3.6	35：35：128	801	46：46：169	669	59：59：213	669
青草：猪粪：玉米秆	1：3：1	39：117：39	805	52：156：52	740	65：195：65	676

注：按碳氮比（20～30）：1进行计算。

7. 搅拌。在批量投料的静态发酵沼气装置里，采用搅拌措施来促进厌氧消化过程的进行，可使微生物与发酵原料充分接触，同时打破分层现象，使活性层扩大到全部发酵液内。此外，搅拌还有防止沉渣沉淀和破除浮渣、保证池温均一、促进气液分离等功能。

在沼气发酵过程中，适当搅拌，可促进传质和传热，提高产气效率和产气量；搅拌过于频繁，反而影响产气效率和产气量。同时，缓慢和剧烈搅拌可以产生完全不同的效果。当剧烈搅拌时，将污泥结构破坏，反而使沼气发酵效率降低。

搅拌的方法有机械搅拌、气体搅拌和液体搅拌三种（图 2-7）。机械搅拌是通过机械装置运转达到搅拌目的；气体搅拌是将沼气从池底部冲进去，产生较强的气体回流，达到搅拌的目的；液体搅拌是从沼气池的出料间将发酵液抽出，然后从进料管冲入沼气池，产生较强的液体回流，达到搅拌的目的。在工程上多采用机械搅拌和液体回流方式进行搅拌。机械搅拌投资及能耗较大，并且故障较多。在利用酒精废醪及鸡粪等沉降性能好的原料进行沼气发酵时，采用升流式消化器则不需要搅拌器，由于发酵原料从底部进入，旺盛的产气集中于消化器的下部，进料和气泡向上逸出时的搅拌作用使发酵液得到一定程度的混合。连续投料运行时，过分的搅拌反而不利于污泥结构的形成和沉降。

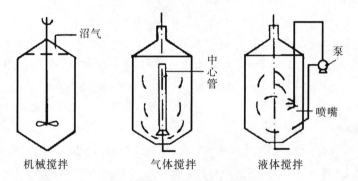

机械搅拌　　　　气体搅拌　　　　液体搅拌

图 2-7　沼气发酵装置搅拌方法

农村户用沼气池通常采用强制回流的方法进行人工液体搅拌，即用人工回流搅拌装置或污泥泵将沼气池底部料液抽出，再泵入进料部位，促使池内料液强制循环流动，提高产气量。此外，利用沼气池气动搅拌装置，可实现沼气发酵装置自动搅拌和持续动态发酵的目的。

8. 毒性物质。所谓"毒物"是相对的，在非常低的浓度下，它们可能起促进作用，只是到了一定浓度时，这些物质才产生抑制作用

（表 2-7、表 2-8、表 2-9）。

表 2-7　沼气发酵液中重金属化合物的允许浓度

化合物	允许浓度（毫克/千克）	化合物	允许浓度（毫克/千克）
$CuSO_4 \cdot 5H_2O$	700（以铜计 178）	$Ni(NO_3)_2 \cdot 6H_2O$	200（以镍计 40）
$CuCl_2 \cdot 2H_2O$	700（以铜计 261）	$NiSO_4 \cdot 7H_2O$	300（以镍计 63）
CuS	700（以铜计 465）	$HgCl_2$	2 000（以汞计 1748）
$K_2Cr_2O_3$	500（以铬计 88）	$HgNO_3$	<1 000（以汞计<764）
Cr_2O_3	75 000（以铬计 73422）		

表 2-8　沼气发酵时一些盐类的允许浓度

化合物	允许浓度（毫克/千克）	化合物	允许浓度（毫克/千克）
$NaCl$	30 000	NH_4Cl	10 000
$NaNO_3$	100	KCN	100
$NaNO_2$	100	$KSCN$	>180

表 2-9　有机杀菌剂及抗菌素等的允许浓度

化合物	允许浓度（毫克/千克）	化合物	允许浓度（毫克/千克）
苯酚	1 000	重油	30 000
甲苯	500	青霉素	5 000
五氯粉	10	链霉素	5 000
甲酚	500～1 000	卡那霉素	5 000
烷基苯磺酸	50		

▪ 沼气发酵工艺

沼气发酵工艺是指从发酵原料收集到生产沼气的整个过程所采用的技术和方法，包括原料的收集和预处理、接种物的选择和富集、沼气发酵装置的发酵启动和日常操作管理及其他相应的技术措施。

（一）沼气发酵工艺类型

对沼气发酵工艺，从不同角度，有不同的分类方法。一般从投料方式、发酵温度、发酵阶段、发酵级差、发酵浓度、料液流动方式等角度进行分类。

1. 以投料方式划分。

（1）连续发酵工艺。沼气发酵装置启动后，根据设计时预定的处理量，连续不断地或每天定量地加入新的发酵原料，同时排走相同数量的发酵料液，使发酵过程连续进行下去。发酵装置不发生意外情况或不检修时，均不进行大出料。采用这种发酵工艺，沼气发酵装置内料液的数量和质量基本保持稳定状态，因此产气量也很均衡。

这种发酵工艺的最大优点就是"稳定"。它可以维持比较稳定的发酵条件，可以保持比较稳定的原料消化利用速度，可以维持比较持续稳定的发酵产气。

这种工艺流程是先进的，但发酵装置结构和发酵系统比较复杂，造价也较高，因而适用于大型的沼气发酵工程系统，如大型畜牧场粪污、城市污水和工厂废水净化处理，多采用连续发酵工艺。该工艺要求有充分的物料保证，否则就不能充分有效地发挥发酵装置的负荷能力，也不可能使发酵微生物逐渐完善和长期保存下来。因为连续发酵，不致因大换料等原因而造成沼气装置利用率上的浪费，从而使原料消化能力和产气能力大大提高。

（2）半连续发酵工艺。沼气发酵装置初始投料发酵启动一次性投入较多的原料（一般占整个发酵周期投料总固体量的 $1/4\sim1/2$），经过一段时间，开始正常发酵产气，随后产气逐渐下降，此时就需每天或定期加入新物料，以维持正常发酵产气，这种工艺就称作半连续沼气发酵。我国农村的沼气池大多属于此种类型，其中的"三结合"沼气池，就是将猪圈、厕所里的粪便随时流入沼气池，在粪便不足的情况下，可定期加入铡碎并堆沤后的青草、蔬菜茎叶、作物秸秆等纤维素原料，起到补充碳源的作用。这种工艺的优点是比较容易做到均衡产气和计划用气，能与农业生产用肥紧密结合，适宜处理粪便和秸秆等混合原料。

（3）批量发酵工艺。发酵原料成批量地一次性投入沼气发酵装置，待其发酵产气的生命周期结束后，将残留物全部取出，再成批地换上新料，开始第二个发酵周期，如此循环往复。检测各种沼气发酵原料产气潜力的实验研究、农村小型沼气干发酵装置和处理城市垃圾的"卫生坑填法"均采用这种发酵工艺。这种工艺的优点是投料启动成功后，不再需要进行管理，简单省事；其缺点是产气分布不均衡，高峰期产气量高，其后产气量低，因此所产沼气适用性较差。

2. 以发酵温度划分。沼气发酵的温度范围一般为 10～60℃，温度对沼气发酵的影响很大，温度升高产气率也随之提高。

（1）高温发酵工艺。发酵料液温度维持在 50～60℃，一般实际控制在（55±2）℃。该工艺的特点是微生物生长活跃，有机物分解快，产气率高，滞留时间短。采用高温发酵可以有效地杀灭各种致病菌和寄生虫卵，具有较好的卫生效果，从除害灭病和发酵剩余物肥料利用的角度看，选用高温发酵是较为实用的。但要维持消化器的高温运行，能量消耗较大。一般情况下，在有余热可利用的条件下，可采用高温发酵工艺。

（2）中温发酵工艺。发酵料液温度维持在（35±2）℃。与高温发酵相比，这种工艺消化稍慢一些，产气率要低一些，但维持中温发酵的能耗较少，沼气发酵能总体维持在一个较高的水平，产气比较快，料液基本不结壳，可保证常年稳定运行。为减少维持发酵装置的能量消耗，工程中常采用近中温发酵工艺，其发酵料液温度为 25～30℃。这种工艺因料液温度稳定，产气量也比较均衡。

（3）常温发酵工艺。在自然温度下进行沼气发酵。我国农村户用沼气和中小型沼气工程基本上采用这种工艺。其特点是发酵料液的温度随气温、地温的变化而变化，一般料液温度最高时为 25℃，低于10℃以后产气效果很差。其好处是不需要对发酵料液温度进行控制，节省保温和加热投资，沼气池本身不消耗热量；其缺点是在同样投料条件下，一年四季产气率相差较大。南方农村沼气池建在地下，冬季产气效率虽然较低，但有足够原料的情况下，还可以维持用气量。北方的沼气池则需建在太阳能暖圈或日光温室内，这样可确保沼气池安全越冬，维持基本产气和用气。

3. 以发酵阶段划分。

（1）单相发酵工艺。将沼气发酵原料投入一个装置，使沼气发酵的产酸和产甲烷阶段合二为一，在同一装置中自行调节完成，即"一锅煮"的形式。农村沼气发酵装置大多数采用这一工艺。

（2）两相发酵工艺。把发酵原料的水解、产酸阶段和产甲烷阶段分别安排在两个不同的消化器中进行。水解、产酸池通常采用不密封的全混合式或塞流式发酵装置，产甲烷池则采用高效厌氧消化装置，如污泥床、厌氧过滤等。两步发酵较之一步发酵工艺过程的产气量、效率、反应速度、稳定性和可控性等方面都要优越，而且生成的沼气中的甲烷含量也比较高。从经济效益看，这种工艺流程加快了挥发性固体的分解，缩短了发酵周期，从而也就降低了生成甲烷的成本和运转费用。

4. 按发酵级差划分。

（1）单级沼气发酵工艺。产酸发酵和产甲烷发酵在同一个沼气发酵装置中进行。这种工艺流程的装置结构比较简单，管理比较方便，修建和日常管理费用相对比较低廉，是我国目前农村最常见的沼气发酵类型。

（2）多级沼气发酵工艺。由多个沼气发酵装置串联而成。一般第一级发酵装置主要是发酵产气，产气量可占总产气量的50%左右，而未被充分消化的物料进入第二级消化装置，使残余的有机物质继续彻底分解。

5. 按发酵浓度划分。

（1）液体发酵工艺。发酵料液的干物质浓度控制在10%以下，在发酵启动时，加入大量的水。出料时，发酵液如用作肥料，无论是运输、贮存或施用都不方便。

（2）干发酵工艺。发酵原料的总固体浓度控制在20%以上。干发酵用水量少，其方法与我国农村沤制堆肥基本相同。此方法可一举两得，既沤了肥，又生产了沼气。干发酵工艺由于出料困难，不适合户用沼气池采用。

6. 按工程目的划分。

（1）能源生态型工艺。沼气工程周边的农田、鱼塘、植物塘等能够完全消纳经沼气发酵后的沼渣、沼液，使沼气工程成为生态农业园区的纽带。如畜禽粪便沼气工程，首先要将养殖业与种植业合理配置，这样既不需要后处理的高额花费，又可促进生态农业建设，所以说能源生态模式是一种理想的工艺模式。

（2）能源环保型工艺。沼气工程周边环境无法消纳沼气发酵后的沼渣、沼液，必须将沼渣制成商品肥料，将沼液经后处理达标排放。该模式不能使资源得到充分利用，并且工程和运行费用较高，应尽量避免使用。

（二）沼气发酵工艺流程

一个完整的沼气系统，无论其规模大小，都包括如下的工艺流程：原料的收集和预处理、厌氧消化、沼气和沼肥利用等（图2-8）。

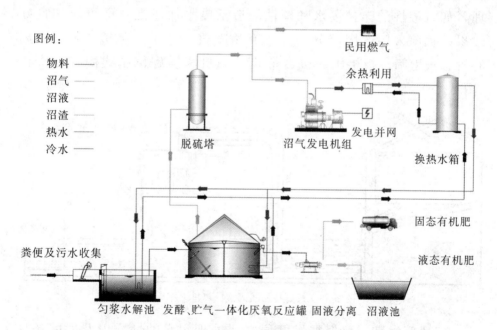

图2-8　沼气系统基本工艺流程

1. 原料收集。充足稳定的原料供应是厌氧消化工艺的基础，不少沼气工程因原料来源的变化被迫停止运转或报废。在设计沼气工程时，就应当根据当地条件，合理安排废弃物的收集方式和集中地点，以便就近进行沼气发酵处理。收集到的原料一般要进入调节池储存，调节池的大小一般要能储存 24 小时的废物量。

2. 原料预处理。原料常混杂有生产作业中的各种杂物，需要根据原料的物料特性，对原料进行清杂除砂和调温调质预处理。在预处理时，牛粪和猪粪中的长草、鸡粪中的鸡毛都应去除，否则极易引起管道堵塞。鸡粪中含有较多贝壳粉和沙砾等，必须进行沉淀清除；否则会很快大量沉积于沼气装置底部，不仅难以排除，而且会影响沼气池容积。

酒精和丙酮丁醇废醪因加热蒸馏，排出温度高达 100℃，因此需要降温后才能进入消化器，有条件时还可采用各种固液分离机械将固体残渣分出用作饲料，有较好经济效益。有些高强度的无机酸碱废水在进料前还应进行中和，最好采用酸性和碱性废水混合处理，如将酸性的味精废水和碱性的造纸废水加以混合即可收到良好效果。目前采用的固液分离方式有格栅机、绞龙除草机、卧螺式离心机、水力筛、板柜压滤机、带式压滤机和螺旋挤压式固液分离机（图 2-9）等。

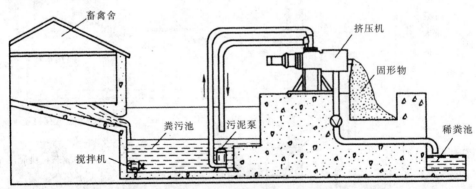

图 2-9　螺旋挤压式固液分离机工作流程

3. 厌氧发酵。要根据发酵原料或处理污水的性质以及发酵条件选择适宜的工艺类型和发酵装置结构。目前应用较多的有常规型发酵装置，如在农村大量使用的户用水压沼气池和酒厂使用的隧道式沼气池。第二类为污泥滞留型发酵装置，使用较多的有适用于处理可溶性废水的升流式厌氧污泥床发酵装置，适用于处理高悬浮固体的升流式发酵装置、旋动式发酵装置，处理污水的内循环厌氧发酵装置。第三类为附着膜型消化器，目前使用的主要是填料过滤器，适用于可溶性有机废水处理，有启动快、运行容易的优点。

4. 沼气净化与利用。沼气中的水冷凝会造成管路堵塞，硫化氢是一种腐蚀性很强的气体，它可引起管道及仪表的快速腐蚀，燃烧气体对人有毒害作用，因此，沼气工程必须通过脱水和脱硫装置脱除沼气中的水和硫化氢，如果沼气要作为车用燃料、沼气发电燃料和管道生物燃气使用，必须通过脱碳装置脱除沼气中的二氧化碳。净化后的沼气贮存于贮气装置，通过输气管网，用于集中供气、沼气发电、沼气车用及供热加工等领域。

5. 沼肥处置与利用。最简便的方法是直接将沼液沼渣用作肥料施入农田或鱼塘，但施用有季节性，不能保证连续的后处理，应设置适当大小的贮肥池，以调节产肥与用肥的矛盾。如采用能源环保模式，则将出料进行沉淀后，再将沉渣进行固液分离，固体残渣用作肥料或配合适量化肥做成复合肥，清液部分可进行深度处理，经处理后的出水可用于灌溉。

（三）典型沼气发酵工艺

1. 养殖场粪污零排放沼气发酵工艺。养殖场粪污通过厌氧发酵技术，与农业生产相结合，能够达到粪污零排放的效果，其工艺流程如图 2-10、图 2-11、图 2-12、图 2-13 所示。

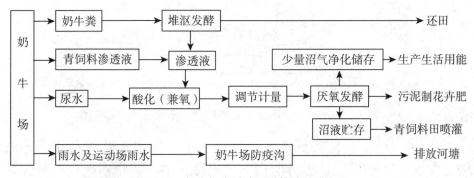

图 2-10　奶牛场粪污治理零排放工艺流程

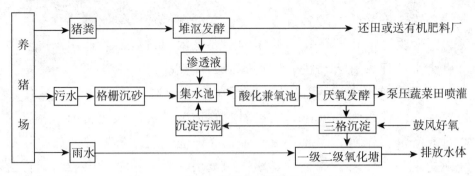

图 2-11　养猪场粪污治理零排放工艺流程

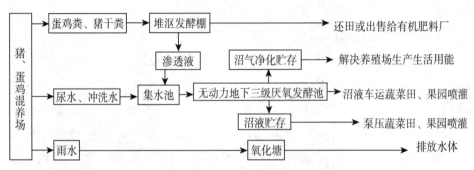

图 2-12　蛋鸡、猪场粪污治理零排放工艺流程

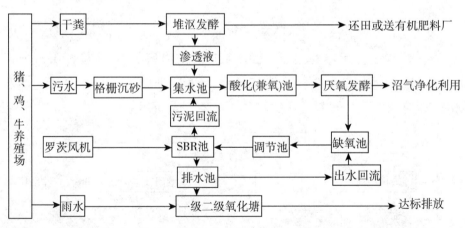

图 2-13　"猪（牛、鸡）→沼→好氧→达标"排放工艺流程

2. 近中温厌氧发酵处理畜禽粪污工艺。处理猪粪污水的工艺流程如图 2-14 所示，在北方的沼气工程设计中，要特别注意室外装置和管网的保温处理；处理牛粪污水工艺流程如图 2-15 所示。

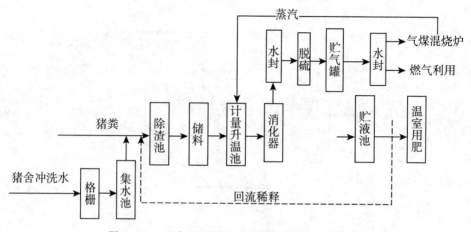

图 2-14 近中温厌氧发酵处理猪粪污水工艺流程

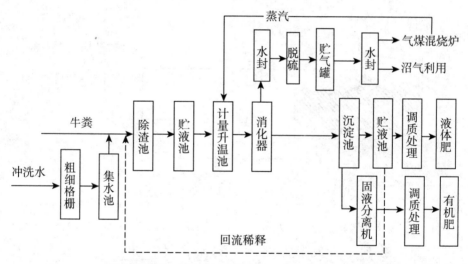

图 2-15 近中温厌氧发酵处理牛粪污水工艺流程

3. 两阶段厌氧消化工艺。 将沼气发酵的水解酸化阶段和产甲烷阶段加以隔离，分别在两个消化器内进行发酵。用来处理果酒生产废水的两阶段厌氧消化装置如图 2-16 所示。

秸秆两步发酵工艺流程如图 2-17 所示。该工艺解决了固体原料干发酵易酸化及常规发酵进出料难的问题，适用于处理多种有机废物和垃圾等。其最终产物为沼气和固体有机肥料，并且没有多余的污水产生。

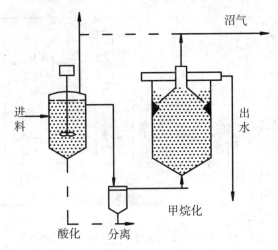

图 2-16　两阶段厌氧消化工艺流程

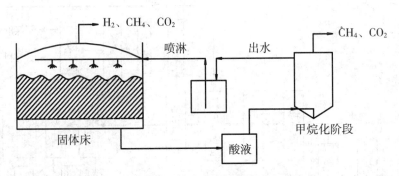

图 2-17　喷淋固体床两步沼气发酵工艺流程

4. 沼气干发酵工艺。以固体有机物为原料,在无流动水的条件下进行批量投料。干发酵原料的干物质含量在 20% 左右较为适宜,水分含量占 80%。干物质含量超过 30%,则产气量明显下降。由于干发酵时水分太少,同时底物浓度又很高,在发酵开始阶段有机酸大量积累,又得不到稀释,因而常导致 pH 的严重下降,使发酵原料酸化,沼气发酵失败。为了防止酸化现象的产生,常用的方法有:加大接种物用量,使酸化与甲烷速度能尽快达到平衡,一般接种用量为原料量的 1/3~1/2;将原料进行堆沤,使易于分解产酸的有机物在好氧条件下分解掉一人部分,同时降低了碳氮比值;也可以在原料中加入 1%~2% 的石灰水,以中和所产生的有机酸。堆沤会造成原料的浪费，所以在生产上应首先采用加大接种量的办法。

▪ 沼气发酵装置

（一）沼气发酵装置分类

一个沼气发酵装置，无论采用哪一种工艺类型，在具备适宜的运行条件的基础上，决定其功能特性的构成因素主要是水力滞留期（HRT）、固体滞留期（SRT）和微生物滞留期（MRT）。

水力滞留期是一个沼气发酵装置内发酵物料按体积计算被全部置换所需要的时间。当沼气发酵装置在一定容积负荷条件下运行时，其水力滞留期与发酵原料有机物含量成正比，有机物含量越高，水力滞留期则越长，这有利于提高有机物的分解率。降低发酵原料的有机物浓度或增加沼气发酵装置的负荷都会使水力滞留期缩短，但过短的水力滞留期会使大量沼气发酵细菌从沼气发酵装置里冲走，除非采取一定措施将固体和微生物滞留，否则有机物的分解率和沼气产量就会大幅度降低，沼气发酵装置的运行将难以稳定。

固体滞留期指悬浮固体物质从沼气发酵装置里被置换的平均时间。在一个混合均匀的完全混合式沼气发酵装置里，固体滞留期与水力滞留期相等。当沼气发酵装置在长的固体滞留期运行时，一部分衰老的微生物细胞被分解，为新生长的微生物提供了营养物质，这样就可以减少微生物对原料的营养要求。由于蛋白类物质的分解率提高，因而发酵液中铵态氮含量也随固体滞留期的延长而逐渐上升。

微生物滞留期指从微生物细胞的生成到被置换出沼气发酵装置的平均时间。在一定条件下，微生物繁殖一代的时间基本稳定，如果微生物滞留期小于微生物增代时间，微生物将会从沼气发酵装置里被冲洗干净，厌氧消化将被终止。如果微生物的增代时间与微生物滞留期相等，微生物的繁殖与被冲出处于平衡状态，则沼气发酵装置的消化能力难以增长，沼气发酵装置则难以启动。如果微生物滞留期大于微生物增代时间，则沼气发酵装置内微生物的数量会不断增长。沼气发酵装置的效率与微生物滞留期呈正相关。延长微生物滞留期不仅可以提高沼气发酵装置的处理有机物的效率，并且可以降低微生物对外加营养物的需求，还可减少污泥的排放，减轻二次污染物的产生。

根据水力滞留期、固体滞留期和微生物滞留期的不同，可将沼气发酵装置分为3种类型（表2-10）。第一类为常规型，其特征为水力滞留期、固体滞留期和微生物滞留期相等，即液体、固体和微生物混合在一起，在出料同时被淘汰，沼气发酵装置内没有足够的微生物，并且固体物质由于滞留期较短而得不到充分消化，因而效率较低。第二类为污泥滞留型，其特征为通过各种固液分离方式，将微生物滞留期和固体滞留期与水力滞留期加以分离，从而在较短的水力滞留期的情况下获得较长微生物滞留期和固体滞留期。即在发酵液排出时，微生物和固体物质所构成的污泥得到保留。第三类为附着膜型，其特征为在沼气发酵装置内安放有惰性介质供微生物附着，使微生物呈膜状固着于支持物表面，在进料中，液体和固体穿流而过的情况下固着滞留微生物于反应器内，从而使沼气发酵装置有较高的效率。

表2-10 沼气发酵装置分类

类　　型	滞留期特征	沼气发酵装置举例
常规型	MRT=SRT=HRT	常规沼气池、塞流式、完全混合式
污泥滞留型	（MRT和SRT）＞HRT	厌氧接触工艺、升流式固体反应器、升流式厌氧污泥床、折流式
附着膜型	MRT＞（SRT和HRT）	厌氧滤器、流化床和膨胀床

（二）常规型沼气发酵装置

1. 常规沼气发酵装置。户用水压式沼气池是最典型的常规沼气发酵装置，该装置主要由进料口、发酵间、贮气室、出料通道、水压间、导气管、溢流口和贮溢流池等部分构成（图2-18）。该装置由于结构简单，被广泛应用于我国农村。但该装置大多数无搅拌装置，原料在装置内呈自然沉淀状态，一般从上到下依次为浮渣层、上清液层、活性层和沉渣层，其中厌氧消化活动旺盛场所只限于活性层内，因而效率较低。通过多年研究探索，我国科技工作者研发的旋流布料沼气发酵装置将活性污泥自动回流、自动破壳、微生物富集增殖、纤维性原料两步发酵、太阳能自动增温、消除发酵盲区和料液"短路"等新技术优化组装配套，利用沼气产气动力用气，实现了动态高效运行状态，解决了常规水压式沼气池存在的技术问题。

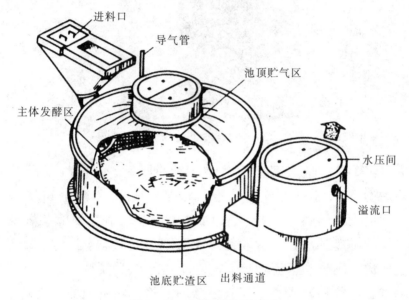

图 2-18　水压式沼气池示意

2. 全混合式沼气发酵装置。它是目前沼气工程使用最多、适用范围最广的一种发酵装置（图 2-19）。该装置是在常规沼气发酵装置内安装了搅拌装置，使发酵原料和微生物处于完全混合状态，使活性区遍布整个装置内，其效率比常规沼气发酵装置明显提高。该沼气发酵装置常采用恒温连续投料或半连续投料运行，适用于高浓度及含有大量悬浮固体原料的处理。在该沼气发酵装置内，新进入的原料由于搅拌作用很快与发酵装置内的全部发酵液混合，使发酵底物浓度始终保持相对较低状态。而其排出的料液又与发酵液的底物浓度相等，并且在出料时微生物也一起被排出，所以，出料浓度一般较高。这种发酵装置是典型的水力滞留期、固体滞留和微生物滞留期完全相等的沼气发酵装置，为了使生长缓慢的产甲烷菌的增殖和冲出速度保持平衡，要求水力滞留期较长，一般要 10～15 天或更长的时间。

图 2-19　全混合式沼气发酵装置示意

优点：①可以进入高悬浮固体含量的原料。②沼气发酵装置内物料均匀分布，避免了分层状态，增加了底物和微生物接触的机会。③沼气发酵装置内温度分布均匀。④进入沼气发酵装置的抑制物质，能够迅速分散，保持较低浓度水平。⑤避免了浮渣、结壳、堵塞、气体逸出不畅和短流现象。⑥易于建立数学模型。

缺点：①体积较大。②要有足够的搅拌，能量消耗较高。③生产用大型沼气发酵装置难以做到完全混合。④底物流出该系统时未完全消化，微生物随出料而流失。

3. **塞流式沼气发酵装置。** 它是一种长方形的非完全混合发酵装置（图 2-20），高浓度悬浮固体原料从一端进入，从另一端流出，原料在发酵装置的流动呈活塞式推移状态。在进料端呈现较强的水解酸化作用，甲烷的产生随着向出料方向的流动而增强。由于进料端缺乏接种物，所以要进行污泥回流。在沼气发酵装置内应设置挡板，有利于运行的稳定。

优点：①结构简单，能耗低。②适用于高 SS 废物的处理外，尤其适用于牛粪的消化。③运转方便，故障少，稳定性高。

缺点：①固体物可能沉淀于底部，影响发酵装置的有效体积。

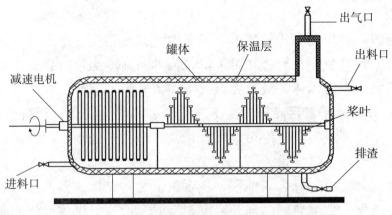

图 2-20 塞流式沼气发酵装置示意

②需要固体和微生物的回流作为接种物。③因该发酵装置面积/体积比值较大，难以保持一致的温度，效率较低。④易产生结壳。

（三）污泥滞留型沼气发酵装置

污泥滞留型沼气发酵装置的特征为通过采用各种固液分离方式使污泥滞留于发酵装置内，提高发酵装置的效率，缩小发酵装置的体积，包括厌氧接触工艺、升流式厌氧污泥床和升流式固体反应器等。

1. 厌氧接触工艺。该工艺是在全混合发酵装置之外加一个沉淀池，从发酵装置排出的混合液首先在沉淀池中进行固液分离，上清液由沉淀池上部排出，沉淀污泥重新回流至发酵装置内（图 2-21），这样既减少了出水中的固体物含量，又提高了发酵装置内的污泥浓度，从而在一定程度上提高了设备的有机负荷率和处理效率。

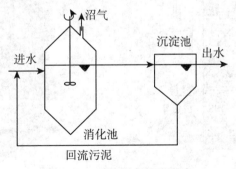

图 2-21 厌氧接触工艺示意

该工艺允许污水中含有较高的悬浮固体，耐冲击负荷，具有较大缓冲能力，操作过程比较简单，工艺运行比较稳定。该工艺的优点与全混合式发酵装置相同，并可采取较高的负荷率运行；其缺点是需要额外的设备来使固体和微生物沉淀与回流。

2. 升流式厌氧污泥床。 由于该发酵装置结构简单，运行费用低，处理效率高而得到广泛应用，发展最快。适用于处理可溶性废水，要求较低的悬浮固体含量。

发酵装置内部分为 3 个区，从下至上为污泥床、污泥层和气液固三相分离器。发酵装置底部是浓度很高并且有良好沉淀性能和凝聚性的絮状或颗粒状污泥形成的污泥床，污水从底部经水管进入污泥床，向上穿流并与污泥床内的污泥混合，污泥中的微生物分解污水中的有机物，将其转化为沼气。沼气以微小气泡形式不断放出，并在上升过程中不断合并成大气泡。在上升的气泡和水流的搅动下，发酵装置上部的污泥处于悬浮状态，形成一个浓度较低的污泥悬浮层。在消化器上设有气液固三相分离器（图 2 - 22）。在发酵装置内生成的沼气气泡受反射板的阻挡，进入三相分离器下面的气室内，再由管道经水封而排出。固液混合液经分离器的窄缝进入沉淀区，在沉淀区内由于污泥不再受到上升气流的冲击，在重力作用下而沉淀。沉淀至斜壁上的污泥沿着斜壁滑回污泥层内，使消化器内积累起大量的污泥。分离出污泥后的液体从沉淀区上表面进入溢流槽而流出。

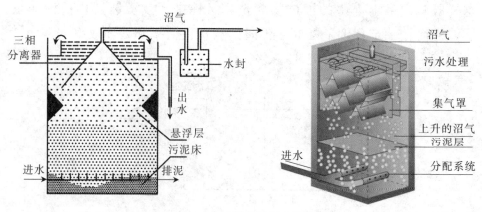

图 2 - 22　升流式厌氧污泥床结构示意

最好的启动办法是从现有的厌氧处理设备中取出大量污泥投入发酵装置进行启动，如有处理相同废水的污泥效果更好。也可以选取沉降性能较好的鸡粪厌氧消化污泥、城市污水厌氧消化污泥或猪粪厌氧消化污泥等作为接种物。对作为接种物的污泥有两点要求：一是能够适应将要处理的有机物，特别是在处理有毒物质时这一点更重要。二是要污泥具有良好的沉降性能。例如，用消化过的鸡粪作为接种物就比用猪粪好，因鸡粪沉降性能好，并且比较细碎，有利于颗粒污泥的形成。要求进水中不能含有较高的悬浮固体，否则会造成固体残渣在污泥床中的积累，使污泥的活性和沉降性能大幅度降低，污泥上浮随出水冲出，污泥床被破坏。

优点：①该工艺将污泥的沉降与回流置于一个装置内，降低了造价。②除三相分离器外，发酵装置结构简单，没有搅拌装置及供微生物附着的填料。③颗粒污泥的形成，使微生物天然固定化，改善了微生物的环境条件，增加了工艺的稳定性。④出水的悬浮固体含量低。

缺点：①需要安装三相分离器。②进水中只能含有低浓度的悬浮固体。③需要有效的布水器，使进料能均布于发酵装置的底部。④当冲击负荷或进料中悬浮固体含量升高以及遇到过量有毒物质时，会引起污泥流失。

3. 内循环厌氧反应器。该反应器利用沼气的提升力实现发酵料液内循环，是一种效能最高的新型厌氧反应器（图 2-23）。

内循环厌氧反应器如同把两个升流式厌氧污泥床叠加在一起，反应器高度可达 16～25 米，高径比可达 4～8。在其内部增设了沼气提升管和回流管，上部增加了气液分离器。启动时，投加大量颗粒污泥。运行过程中，用第一反应室所产沼气经集气罩收集并沿提升管上升作为动力，把第一反应室的发酵液和污泥提升至反应器顶部的气液分离器，分离出的沼气从导管排走，泥水混合液沿回流管返回第一反应室内，从而实现了下部料液的内循环。如处理低浓度废水时循环流量可达进水流量的 2～3 倍，处理高浓度废水时循环流量可达进水流量的 10～20 倍。结果使第一厌氧反应室不仅有很高的生物量和很长的污泥滞留期，并且有很大的升流速度，使该反应室的污泥和料液基

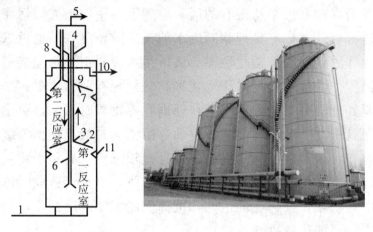

图 2-23　内循环反应器示意及实景外观

1. 进水　2. 第一反应室集气罩　3. 沼气提升管　4. 气液分离器　5. 沼气导管
6. 回流管　7. 第二反应室集气罩　8. 集气管　9. 沉淀区　10. 出水管　11. 气封

本处于完全混合状态，从而大大提高第一反应室的去除能力。经第一反应室处理的废水，自动进入第二厌氧反应室。废水中的剩余有机物可被第二反应室内的颗粒污泥进一步降解，使废水得到更好的净化。经过两级处理的废水在混合液沉淀区进行固液分离，清液由出水管排出，沉淀的颗粒污泥可自动返回第二反应室。这样废水完成了全部处理过程。

优点：①具有很高的容积负荷率。②节省基建投资和占地面积。③沼气提升实现内循环，不必外加动力，从而节省能耗。④抗冲击负荷能力强。由于反应器实现了内循环，处理低浓度废水时，循环流量可达进水流量的 2～3 倍；处理高浓度废水时，循环流量可达进水流量的 10～20 倍。⑤具有缓冲 pH 的能力。

4. 升流式固体反应器。其结构简单，适用于高悬浮固体原料，结构如图 2-24 所示。原料从底部进入消化器，消化器内不需要安置三相分离器，不需要污泥回流，也不需要全混合消化器那样的搅拌装置。未消化的生物质固体颗粒和沼气发酵微生物，靠被动沉降滞留于消化器内，上清液从消化器上部排出，从而提高了固体有机物的分解率和消化器的效率。

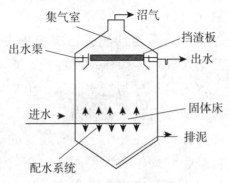

图 2-24　升流式固体反应器示意

以上几种污泥滞留型发酵装置中，活性污泥以悬浮状存在，人们采用了各种方法使污泥滞留于发酵装置内，从而取得了较长的固体滞留期和微生物滞留期，因而效率明显比常规型发酵装置要高；但是在受到冲击负荷或有毒物质时，常会因挥发酸含量上升而引起污泥流失。所以要定时对发酵情况实行监测，使发酵装置的正常运行。

（四）附着膜型沼气发酵装置

附着膜型沼气发酵装置的特征是使微生物附着于安放在发酵装置内的惰性介质上，使发酵装置在允许原料中的液体和固体穿流而过的情况下，固定微生物于发酵装置内。应用或研究较多的附着膜发酵装置有厌氧滤器、流化床和膨胀床。

1. 厌氧滤器。内部安置有焦炭、煤渣、塑料制品、合成纤维等惰性介质（又称填料），沼气发酵细菌尤其是产甲烷菌呈膜状附着于惰性介质上，并在介质之间的空隙互相黏附成颗粒状或絮状存留下来，当污水自下而上或自上而下通过生物膜时，有机物被细菌利用而生成沼气（图 2-25）。

在厌氧滤器内，填料的主要功能是为厌氧微生物提供附着生长的表面积。一般来说，载体的比表面积越大，滤器可承受

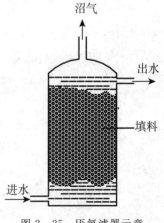

图 2-25　厌氧滤器示意

的有机负荷越高。除此之外，填料还要有相当的空隙率，空隙率高，则在同样的负荷条件下水力滞留期越长，有机物去除率越高。另外，高空隙率对防止滤器堵塞和产生短流均有好处。现在多采用弹性纤维填料，它的表面积大，不易结球与堵塞滤器，生物膜生成较快，也易脱膜，使生物膜更新迅速，有机负荷较高。

优点：①不需要搅拌操作。②由于具有较高的负荷率，使消化器体积缩小。③微生物呈膜状固定和附着在惰性介质上，微生物滞留期长，污泥浓度高，运行稳定，运行技术要求较低。④更能够承受负荷变化。⑤长期停运后可更快地重新启动。

缺点：①填料的费用较高，安装施工较复杂，填料寿命一般为1～5 年，要定时更换。②易产堵塞和短路。③只能处理低 SS 含量的废水，对高 SS 废水效果不佳并易造成堵塞。

2. 流化床和膨胀床。流化床和膨胀床（图 2-26）内部填有像砂粒一样大小（0.2～0.5毫米）的惰性（如细砂）或活性（如活性炭）颗粒供微生物附着，如焦炭粉、硅藻土、粉煤灰或合成材料等，当有机污水自下而上穿流过细小的颗粒层时，污水及所产气体的气流速度足以使介质颗粒呈膨胀或流动状态。每一个介质颗粒表面都被生物膜所覆盖，能支持更多的微生物附着，创造了比水力滞留期更长的微生物滞留期，因而使沼气发酵装置具有更高的效率。

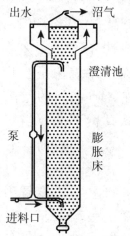

图 2-26　流化床和膨胀床反应器示意

这两种发酵装置可以在相当短的水力滞留期的情况下，允许进料中的液体和少量固体物穿流而过，适用于容易消化的低固体物含量有机污水的处理。优点是可为微生物附着提供更大的表面积，一些颗粒状固体物可以穿过支持介质。缺点是为了使介质颗粒膨胀或流态化需要 0.5～10 倍的料液再循环，这就提高了运行过程的能耗。

优点：①有更大的比表面积供微生物附着。②可以达到更高的负荷。③因为有高浓度的微生物，使运行更稳定。④能承受负荷的变化。⑤在长时间停运后可更快地启动。⑥可以利用固体物含量低的原料。⑦发酵装置内混合状态较好。

缺点：①为使颗粒膨胀或流态化需要高的能耗和维持费。②支持介质可能被冲出，损坏泵或其他设备。③在出水中回收介质颗粒势必花费更高。④不能接受高固体含量的原料。⑤需要长的启动期。⑥可能需要脱气装置从水中有效地分开介质颗粒和悬浮固体。

2 沼气的系统功能

人们最初认识沼气，注重的是它的能源功能，随着科学技术的发展和人类认识能力的提高，沼气的生态功能和环卫功能越来越被人类所认识，沼气已经成为连接养殖和种植、生活用能和生产用肥的纽带，成为实现燃料、肥料和饲料转化的最佳途径，在循环农业中起着回收农业废弃物能量和物质的特殊作用。它具有巧用食物链（网）和共生生态关系，把绿色植物的生产，食草、食肉动物的饲养和微生物的转换有机地串联起来（图 2-27），使物质多次循环利用，能量高效率利用，形成一个布局合理、环境优美的生产、生活两用基地，并能获取较高的经济效益和生态效益。

随着沼气技术体系的完善，沼气与农业生产体系的联系日益紧密，可以说已经深入并触及农业生产的方方面面，逐渐表现和释放它的各项功能，决定了沼气在农业生产乃至新农村全面发展中的地位也更加特殊和重要。沼气在农业生产中的表现具有"牵一发而动全身"之功效，它能够有效地组织与调动农业生产要素，促使农业

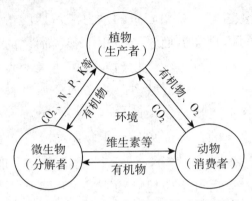

图 2-27　循环农业物质能量循环利用示意

生产要素的协调发展，对建设新农村与促进农村经济发展具有重要的意义。

　　在农业生态工程中，沼气处于核心位置，具有纽带功能，农业生产系统的各要素都可以通过沼气系统联系起来，不仅能够连动自然要素，而且连动了社会要素，这样自然要素与社会要素在农业生产系统中实现了有机联系（图 2-28）。通过调控沼气系统，不但可以实现要素及要素间的合理调控，而且可以实现农业生态系统的综合调控，有利于推动农村与农业的稳步发展，最终实现了农业生产系统的自然属性与社会属性的有机统一，体现了人与自然的最高程度和谐统一的发展思想与发展观。重视沼气系统的建设，有利于解决长期困扰农村与农业的"生产与保护""生产与市场"以及"生产与发展"等问题，把农业生产系统引向可持续发展之路。

　　在农业生产过程中，不可避免地要产生有机废弃物，例如畜禽养殖产生的粪便、作物的秸秆和农产品加工产生的下脚料等，加上农业规模化和产业化发展因素，有机废弃物在局部地区过多地堆积而一时无法合理处置已经造成了环境污染。有效处理废弃物是保证农业生产正常进行的必要措施，通过增加或引入新的生产环节，不但能够化害为利，而且能够生产新的产品。要实现农业系统内部物质和能量的良性循环，必须通过肥料、饲料和燃料这三个枢纽，因而"三料"的转化途径是整个生态系统功能的关键环节。沼气发酵系统正好是实现"三料"转化的最佳途径，在生态农业中起着回收农业废弃物能量

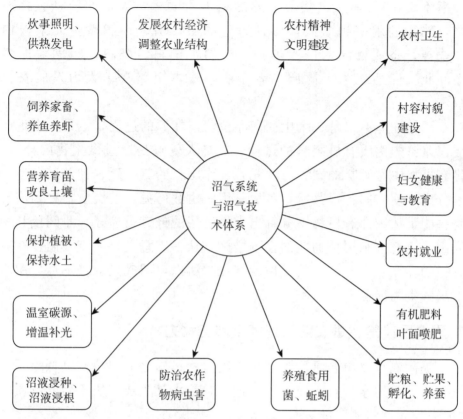

炊事照明、供热发电

发展农村经济调整农业结构

农村精神文明建设

农村卫生

饲养家畜、养鱼养虾

村容村貌建设

营养育苗、改良土壤

妇女健康与教育

沼气系统与沼气技术体系

保护植被、保持水土

农村就业

温室碳源、增温补光

有机肥料叶面喷肥

沼液浸种、沼液浸根

防治农作物病虫害

养殖食用菌、蚯蚓

贮粮、贮果、孵化、养蚕

图 2-28 沼气系统与农业生产系统要素的关系

和物质的特殊作用。它对于促进农业生态的良性循环、发展农村经济、提高农民生活质量、改善农村环境卫生等方面都起着重要的作用。

▪ 沼气系统是协调农业"三料"的纽带

农业生产所收获农作物中的植物能，主产品占 1/3～1/2，秸秆等副产物占 2/3～1/2，人食用主产品后，只利用了其中的一部分能量，大多数能量仍留在粪便中，畜禽对植物能的利用也是如此。所以，大量秸秆、青草、树叶等植物副产品和人畜粪便中所含的能量如何合理利用，大有文章可做。目前全国农村能源消费总量 3.2亿吨标准煤中的 2/3 是秸秆等低品位生物质能，炊用柴灶的转换效率不足 10％。从生物质能源的利用角度看，大量的秸秆直接燃烧，热能利用率相当低，而且大量的氮、磷、钾和微量元素被白白烧掉，造成资源的巨大浪费，燃料、饲料、肥料、工副业原料之间相互矛盾。为了协调四者矛盾，根本出路在于大力发展农村沼气。

沼气发酵不仅是一个生产高品位清洁能源的过程，也是一个生产缓速兼备的优质有机肥料的过程。其最大优点是通过微生物的分解，将有机物中作燃料的碳、氢两元素和作肥料的氮、磷、钾及其微量元素分离，使它们各得其所，各尽其用。由此可见，发展农村庭园沼气是将能量从废弃有机物中分解出来再利用的最有效途径，是间接利用太阳能、充分利用植物能的根本措施。从一定意义讲，有太阳存在就有植物存在，生产沼气的条件就存在。所以，沼气是取之不尽、用之不竭的生物能源。

■ 沼气系统是促进农业可持续发展的动力

提高农作物单产是增加植物生物量的措施之一。单产高低除了种子、水分等因素外，主要取决于地力，地力又主要取决于营养物质的"失去"和"归还"的数量。

土壤营养的"失去"，主要由植物取走和流失所致。目前亟待解决的是控制水土流失。水土流失加剧的主要原因是植被减少。究其原因，主要是农村能源紧缺所致。制止植被减少导致的水土流失，根本措施在于首先解决农村能源。要从根本上解决农村能源，就必须大力发展农村庭园沼气。

土壤营养的"归还"，主要通过施肥来实现。施肥的目的是增产，施沼肥比施其他有机肥的增产效果好。沼肥保氮率、氨氮转化率高，并含有腐殖酸、纤维素、木质素等，长期使用，有利于土壤微生物的活动和土壤团粒结构的形成，有机质、氮、磷、钾及微量元素的含量显著提高，土地肥力增强。特别是沼气发酵解决了燃料，节约了用作燃料的秸秆，又将不宜直接还田的有机质制成沼肥，这样就既扩大了有机肥的来源，解决肥源不足问题，又提高了肥效，更有利于增产。

有机沼肥还田，既可减少无机化肥投入，又可扩大"归还"土壤的物流规模，必然会达到增产目的。

用沼气发酵来协调燃、饲、肥三料的矛盾，对植物副产品的综合利用和增加畜产品，具有重大的经济意义。畜禽在利用饲料时，只利用了其中部分营养物质和能量，而大量做肥料的有机质、氮、磷、钾和做燃料的碳、氢元素等随粪便排出。所以，植物副产品的正确利用方式应是：能做饲料的都做饲料，再将粪便发酵转化成沼气和沼肥；不能做饲料的，部分用于工副业，部分用于入沼气池产生沼气。这种将一料（燃料）变四料（燃、饲、肥和工副业原料）的综合利用，无疑是最经济的。实践证明，畜禽粪便入沼气池发酵比植物副产物直接入沼气池发酵好，因秸秆表皮有层蜡质，直接入池易漂浮，不易和其他原料混合，也就不利于产甲烷菌和其他细菌分解，因而产气速度低、产气量少。所以，植物副产物经畜禽转化为粪便后再下池，是最科学的。

综上所述，农村发展沼气后，量多质好的沼肥还田，加上必要的化肥投入，为提高地力和单产创造了坚实的物质基础；农村发展沼气解决燃料后，林草植被面积日益扩大，各种自然灾害逐步减少，这为植物多制造有机物创造了良好条件；植被增加减少了水土流失，江河塘库湖的瘀塞将减轻，有利于水利灌溉、水面养殖、水上运输等效益发挥，更好地促进农业生产全面发展；农村发展沼气后将有充足饲料发展畜牧业，使畜禽产品不断增多。因此，沼气发酵是生态农业物流的必要环节。

■ 沼气系统是农民脱贫致富的有效途径

沼气除直接作炊事、照明生活用能外，还可用来发电，提供生产和生活用电。利用沼气升温育秧，操作方便，成本低廉，易于控制，且不烂种，发芽快，出苗整齐，成秧率高。利用沼气加温养蚕，蚕室空气新鲜，一氧化碳等有害气体减少，且蚕室干净无灰尘，促进小蚕的生长发育，经济效益十分显著。在蔬菜塑料大棚内点燃一定时间的沼气灯，可使大棚内的二氧化碳气肥浓度和温度增高，有效地促进了蔬菜的增产。

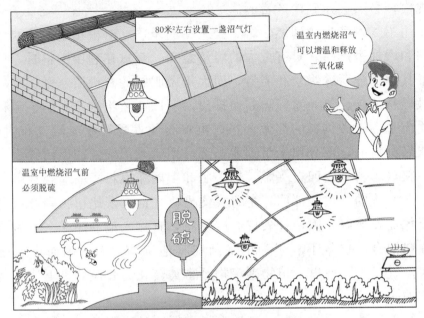

图 2-29　利用沼气增光、增温、增肥

利用沼气烘干粮食、农副产品以及沼气贮粮防虫、沼气保鲜水果等，具有设备简单、操作方便、不产生烟尘、费用省、效益好等优点。

沼液、沼渣是生物质发酵产气后产生的有机肥，可以作为肥料直接施用于农田。一个 10 米³ 的沼气池，一年提供的沼肥，相当于 50 千克硫酸铵、40 千克过磷酸钙和 15 千克的氯化钾。沼肥几乎能使所有的粮食作物、经济作物和果树增产，其增产幅度一般在 5％～10％，甚至更高。用沼液浸种，可以促使种子萌芽，提高种子发芽率和成秧率，促进种子生理代谢，提高秧苗素质，增强秧苗抗病、抗逆能力，有较好的经济效益。沼液还可以作为饲料添加剂，能够使所饲养的猪、鸡、牛、鱼等动物的抗病能力增强，饲料报酬提高，总收益增加。沼渣栽培蘑菇，可增产增收 20％～30％。

渭北旱塬果园沼气"五配套"（沼气池、蓄水窖、畜禽舍、节水措施、果园五配套）能源生态模式证实了这样的事实。用沼渣根施、沼液喷施的果树，树势生长壮，叶片大，颜色浓，果实膨大快，成型好，个头大，着色好，光泽亮，无斑锈，病虫少，商品率达 90% 以上，售价高出一般果品的 25%～50%。以沼气综合利用为纽带的果园"五配套"能源生态模式不仅有产气的能源效益和保护生态的环境效益，而且发酵剩余物沼液和沼渣的经济效益高于产气效益，肯定了这种种、养、沼有机结合的生态模式对推动干旱半干旱地区农业和农村经济可持续发展的经济、生态和社会潜力。

图 2-30　"猪—沼—果"能源生态模式

以日光温室、太阳能畜禽舍和沼气池为特征的北方"四位一体"农村能源生态模式，猪舍以砖砌筑，沼气池为水泥混凝土浇筑，日光温室为竹木结构，"干打垒"墙体，以 15 年寿命期计算，其寿命期内的净现值可达 3 万元以上，效益成本比大于 1.5，内部收益率普遍大于 70%。说明农村能源生态模式具有非常显著的经济效益，这一系统一般不用雇劳力，由家庭妇女和冬闲时家庭主要劳动力经营即可，表现出非常灵活的操作性，很受农民的欢迎。

◼ 沼气系统是促进生态良性循环的必由之路

（一）发展沼气可改善环境卫生

农村发展沼气后，垃圾、粪便、农副产品加工剩余物等有机物可做原料投入沼气池生产沼气和沼肥。这既增加了沼气发酵的原料，又使垃圾、粪便得到了科学管理。环境卫生也就随之改观：蝇蚊等失去了滋生条件，减少了疾病传播；减少了臭气对人畜的危害；病菌和虫卵在沼气池中被杀死。血吸虫卵14～40天即可全部死亡，钩虫卵沉淀93.6％以上，夏季将沼渣加氨水高温堆沤即可全部死亡；一些传染性和危害性严重的病菌，在沼气发酵的水力滞留期内全部死亡，从而彻底解决了农村"臭气满院窜，苍蝇满天飞，蛆虫满地爬"的环境污染问题。

图 2-31　沼气建设能保护生态环境

（二）发展沼气可减少农药化肥的污染

农村能源紧张导致的有机质还田少和植被减少，引起地力下降和害虫天敌减少，迫使多施农药化肥，加重了环境污染。

农药虽可暂时减轻病虫危害，但不能根除病虫，多次施用会增加病虫的抗药性，还会使捕食害虫的天敌被农药杀死。更为严重的是，农药残体在大气、水体、土壤、生物体中普遍存在，对生物生长和人类健康极为不利。所以，要尽可能地少施或不施农药，对病虫害尽可能进行生物防治。大量的实验结果表明，沼气发酵残留物对植物的某些病虫害有杀灭和抑制作用。果树喷施沼液，对红、黄蜘蛛的杀灭率为95.25％，矢尖蚧为91.55％，蚜虫为93.35％，清虫为99.4％。对棉花枯萎病的防治率可达52％，对玉米螟幼虫的防治效果与敌杀死相同。沼肥能有效地控制水稻叶蝉、稻飞虱、纹枯病、小球菌等病虫害。沼液浸麦种，能使大麦黄花叶病的发病率降低70％，产量增加20％～30％。

农村发展沼气主要是解决了燃料和肥料。燃料的解决，有利于恢复森林生态平衡，为害虫天敌提供了适生的环境。同时，有机物经沼气发酵后，寄生的病虫害多数被杀死，减少了病虫害来源，这就必然少施农药。森林的恢复，减少了水土流失，土壤肥力增强，加之，量多质优的沼肥还田，对增加土壤营养、减少化肥施用提供了物质基础。

沼气系统生产的优质无毒、无污染的有机肥料——沼液和沼渣，可以施入农田、果园与菜地，沼液不仅可做农作物的全素营养液，而且是预防和防治农作物病虫害的"生物农药"。这一点在高效设施农业中有着重要地位和巨大作用，不仅降低和减少了农民在农药和化肥上的投资成本，而且向市场提供让消费者满意放心的安全绿色食品。由此可见，农村发展沼气对直接和间接减少化肥、农药对环境的污染，具有综合效益。

（三）发展沼气能够更好地保护森林植被

沼气的开发利用，能够有效地缓解农村能源紧缺的局面，保护原有森林和新造林地，促进生态环境的改善。

农村发展沼气解决燃料之后，森林的恢复和发展才有坚实的物质基础，森林的环保效益才能充分发挥。在燃料问题未根本解决的条件下，讲植树造林和发挥森林环保效益，那等于纸上谈兵。农村修建一口 8 米³ 的沼气池，每年可平均节柴 1.5 吨，相当于 0.2 公顷薪柴的年生长量。多建一口沼气池，就相当于保护了 0.2 公顷的林地免遭砍伐。所以，从长远来看，农村办沼气是发挥森林环保效益、减轻污染的战略措施。

（四）发展沼气可减轻大气污染

农村炉灶炊事不仅能量、肥料损失大，而且产生的大量烟雾污染大气，对人畜健康和植物生长极为不利。所以，应该大力发展农村庭园沼气，逐步改变直接燃用生物质燃料的现状，用沼气代替生物质直接燃烧。沼气加氧燃烧时产生大量热能和水、二氧化碳，几乎无有害物质。因此，沼气燃烧既可减少烟雾对大气的污染，又方便、清洁、卫生。

综上所述，无论是农业系统的能流、物流，还是环境保护，采取沼气发酵技术就呈良性循环，而将有机物质直接燃烧就呈恶性循环。因此，农村发展沼气是充分合理利用资源、恢复和创造良好的生态环境、获得量多质优的系统生物量和保证生态农业系统良性发展的战略措施之一。

3 建筑知识

在农村沼气工程建设中，设计是基础，材料是载体，建造是关键，质量是保证，四者缺一不可。只有了解建造沼气池的材料特性，并熟练掌握建筑施工工艺，才能达到预期目的。

■ 建筑材料

在沼气工程建设中，建造材料的选择和使用是否恰当，直接关系到工程建设质量、使用寿命和建设费用等。了解各种建造材料的性能和用法，对修建高质量的沼气工程至关重要。

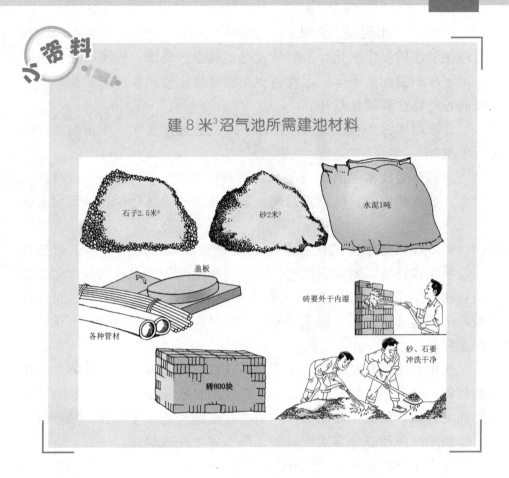

建 8 米³沼气池所需建池材料

（一）材料种类及其特性

1. 普通黏土砖。普通黏土砖是用黏土经过成型、干燥、焙烧而成，有红砖、青砖和灰砖之分；按生产方式又可分为机制砖和手工砖；按强度划分为 MU5.0、MU7.5、MU10、MU15、MU20 五种级别。

修建沼气工程要求用强度为 MU7.5 或 MU10 的砖，其标准尺寸为 240 毫米×115 毫米×53 毫米，容重为 1 700 千克/米³，抗压强度为 75～100 千克/厘米²，抗弯强度为 18～23 千克/厘米²。尺寸应整齐，各面应平整，无过大翘曲，建池时，应避免使用欠火砖、酥砖及螺纹砖，以免影响建池质量。

2. 水泥。水泥是一种水硬性的胶凝材料,当其与水混合后,其物理化学性质发生变化,由浆状或可塑状逐渐凝结,进而硬化为具有一定硬度和强度的整体。因此,要正确合理地使用水泥,必须掌握水泥的各种特性和硬化规律。

建池用水泥为普通硅酸盐水泥、矿渣硅酸盐水泥、火山灰质硅酸盐水泥等。

普通硅酸盐水泥的优点是和匀性好,快硬,早期强度高,抗冻、耐磨、抗渗性较强;缺点是耐酸、碱和硫酸盐类等化学腐蚀及耐水性较差。

矿渣硅酸盐水泥的优点是耐硫酸盐类腐蚀,耐水性强,耐热性好,水化热较低,蒸养强度增长较快,在潮湿环境中后期强度增长较快;缺点是早期强度较低,低温下凝结缓慢,耐冻、耐磨、和匀性差,干缩变形较大,有泌水现象。使用时应加强洒水养护,冬季施工注意保温。

火山灰质硅酸盐水泥的优点是耐硫酸盐类腐蚀,耐水性强,水化热较低,蒸养强度增长较快,后期强度增长快,和匀性好。缺点是早期强度较低,低温下凝结缓慢,耐冻、耐磨性差,干缩性、吸水性较大。使用时应注意加强洒水养护,冬季施工注意保温。

水泥水化时所需水量一般为 $24\% \sim 30\%$,为了满足施工需要,通常用水量一般超出水泥水化需水量的 $2 \sim 3$ 倍。但必须严格控制水灰比。尤其不能随意加水,过多加水会引起胶凝物质流失,水分蒸发后,在水泥硬化后的块体中会形成空隙,使其强度大为降低。

水泥在运输时应注意防水、防潮,并贮存在干燥、通风的库房中,不能直接接触地面堆放,应在地面上铺放木板和防潮物,堆码高度以 10 袋为宜。水泥的强度随贮存时间的增长而逐渐下降,建池时,必须购买新鲜水泥,随购随用,不能用结块水泥。

3. 石子。石子是配制混凝土的粗骨料,有碎石、卵石之分。

碎石是由天然岩石或卵石经破碎、筛分而得的粒径大于 5 毫米的岩石颗粒,具有不规则的形状,以接近立方体者为好,颗粒有棱角,表面粗糙，与水泥胶结力强，但空隙率较大，所需填充空隙的水泥砂浆较多。碎石的容重为 1 400～1 500 千克/米^3。建小型沼气池采用细石子，最大粒径不得超过 20 毫米。因为沼气池池壁厚度为 40～50 毫米，石子最大粒径不得超过壁厚的 1/2。碎石要洗干净，不得混入灰土和其他杂质。风化的碎石不宜使用。

卵石是岩石经过自然风化所形成的散粒状材料。按其颗粒大小分为特细石子（5～10 毫米）、细石子（10～20 毫米）、中等石子（20～40 毫米）、粗石子（40～80 毫米）四级。建小型沼气池宜选用细石子。修建沼气池的卵石要干净，含泥量不大于 2%，不含柴草等有机物和塑料等杂物。

4. 砂子。砂子按颗粒大小分为粗砂（平均粒径在 0.5 毫米以上）、中砂（平均粒径为 0.35～0.5 毫米）、细砂（平均粒径为 0.25～0.35 毫米）和特细砂（平均粒径在 0.25 毫米以下）四种。

砂子是砂浆中的骨料，混凝土中的细骨料。沙颗粒愈细，而填充砂粒间空隙和包裹砂粒表面以薄膜的水泥浆愈多，需用较多的水泥。配制混凝土的砂子，一般以采用中砂或粗砂比较适合。特细砂亦可使用，但水泥用量要增加 10% 左右。

建造沼气池宜选用中砂，大小颗粒搭配得好，咬接得牢，空隙小，既节省水泥，强度又高。沼气池是地下构筑物，要求防水防渗，对砂子的质量要求是质地坚硬、洁净，泥土含量不超过 3%，云母允许含量在 0.5% 以下，不含柴草等有机物和塑料等杂物。

5. 钢筋。一般 50 米^3 以下的农村户用沼气池可不配置钢筋，但在地基承载力差或土质松紧不匀的地方建池需要配置一定数量的钢筋，同时天窗口顶盖、水压间盖板也需要部分钢筋。

常用的钢筋按强度可划分为 Ⅰ～Ⅴ 级，建池中常用 Ⅰ 级钢筋。Ⅰ 级钢筋又称 3 号钢，直径为 4～40 毫米。混凝土中使用的钢筋应清除油污、铁锈并矫直后使用。钢筋的弯、折和末端的弯钩应按净空直径不小于钢筋直径 2.5 倍作 180° 的圆弧弯曲。

6. 水。拌制混凝土、砂浆以及养护用的水，要用干净、清洁的中性水，不能用酸性或碱性水。

（二）混凝土

建造沼气池的混凝土是以水泥为胶凝材料，石子为粗骨料，砂子为细骨料，和水按适当比例配合、拌制成混合物，经一定的时间硬化而成的人造石材。在混凝土中，砂、石起骨架作用，称为骨料，水泥与水形成水泥浆，包在骨料表面并填充其空隙。硬化前，水泥浆起润滑作用，使混合物具有一定的流动性，便于施工，水泥砂浆硬化后，将骨料胶结成一个结实的整体。

混凝土具有较高的抗压能力，但抗拉能力很弱。因此通常在混凝土构件的受拉断面设置钢筋，以承受拉力。凡没有加钢筋的混凝土称素混凝土，加有钢筋的混凝土称钢筋混凝土。混凝土除具有抗压强度高、耐久性良好的特点外，其耐磨、耐热、耐侵蚀的性能都比较好，加之新拌和的混凝土具有可塑性，能够随模板制成所需要的各种复杂的形状和断面，所以农村沼气池和沼气工程大都采用混凝土现浇施工或砖混组合施工。

1. 混凝土的组成和分类。 混凝土强度的产生主要是水泥硬化的结果，修建沼气池一般选用 425 号普通硅酸盐水泥。在拌制混凝土时，砂石中应含有较多的粗砂，并以适当的中砂和细砂填充其中的空隙，以提高混凝土的密实性和强度。拌制混凝土、砂浆以及养护用水不能用含有有机酸和无机酸的地下水和其他废水，避免对混凝土产生腐蚀作用。在混凝土中使用的外加剂有减水剂、早强剂、防水剂、密实剂等。

混凝土按质量密度，分为特重混凝土、重混凝土、轻混凝土、特轻混凝土等。重混凝也称普通混凝土，用天然砂石作骨料制成，主要用于各种承重结构。轻混凝土有轻骨料混凝土（采用火山淹浮石、多孔凝灰岩、黏土陶粒等轻骨料）和多孔混凝土（如泡沫混凝土、加气混凝土等），主要用于承重和承重隔热结构。特轻混凝土包括多孔混凝土和用特轻骨料（如膨胀珍珠岩、膨胀蛭石、泡沫塑料等）制成的轻骨料混凝土，主要用作保温隔热材料。

2. 影响混凝土性能的主要因素。

（1）强度。混凝土的强度主要包括抗压、抗拉、抗剪等强度。一一般情况下，大都采用混凝土的抗压强度评定混凝土的质量。抗压强度等级有 C7.5、C10、C15、C20、C25、C30、C35、C40、C45、C50、C55、C60 等。基础、地坪常用 C7.5、C10 号混凝土，梁、板、柱和沼气池用 C15 号以上混凝土。

（2）和易性。和易性是指混凝土混合物能保持混凝土成分的均匀、不发生离析现象，便于施工操作（拌和、浇灌、捣实）的性能。和易性包括流动性、黏聚性和保水性。和易性好的混凝土拌和物，易于搅拌均匀；浇灌时不发生离析、泌水现象；捣实时有一定的流动性，易于充满模板，也易于捣实，使混凝土内部质地均匀致密，强度和耐久性得到保证。

（3）水灰比。混凝土中用水量与用水泥量之比，称水灰比，其大小直接影响混凝土的和易性、强度和密实度。水灰比愈小，水泥与骨料黏结力愈大，混凝土强度愈高。但水灰比过小时，混凝土过于干硬，无法捣实成型，混凝土中将出现较多蜂窝、孔洞，强度也将降低，耐久性不好。因此，在满足施工和易性的条件下，降低水灰比，可以提高强度和密实度、抗渗性和不透气性。根据水泥、混凝土标号和骨料的不同，按经验常数，其水灰比可参考表 2-11。

表 2-11 混凝土水灰比参考表

混凝土标号	水泥标号	水灰比（W/C）	
		碎石	卵石
C15	325	0.62～0.65	0.59～0.63
C20	325	0.51～0.53	0.48～0.52
C30	425	0.46～0.49	0.44～0.48
C40	425	0.37～0.41	0.35～0.41

（4）水泥用量。水泥用量多少直接影响混凝土的强度及性能，水泥用量增多，混凝土标号提高，但水泥用量过多，干缩性也增大，混凝土构件易产生收缩裂缝；而水泥用量过少，则影响水泥浆与砂石的黏结，使砂石离析，混凝土不能浇捣密实，也会降低强度。

（5）砂率。砂的重量与砂石总重量之比称为砂率。砂率过大时空隙会增大；砂率过小，又不能保证粗骨料有足够的砂浆层，会造成离析、流浆现象。判断适合的砂率，就是使水泥、砂子、石子互相填充密实。

3. 混凝土的配合比。用水泥：石：砂：水表示，以水泥为基数1。农村沼气池用钢模整体现浇混凝土工艺建池时，一般采用人工拌制和捣固的方法，在有振动设备的情况下，也采用机械振捣的方法。用砖混组合工艺建池时，一般采用人工拌制和捣固的方法，其混凝土设计标号为 C15～C20，建池时，应根据混凝土选材要求进行配料（见表 2 - 12、表 2 - 13、表 2 - 14）。

表 2 - 12　人工拌制和捣固的普通混凝土参考配合比

混凝土标号	水泥标号	卵石粒径（厘米）	水灰比	砂率（%）	材料用量（千克/米³）				配合比（重量比）
					水泥	中砂	卵石	水	水泥：中砂：卵石：水
C10	325	0.5～2	0.82	34	220	680	1 320	180	1：3.09：6.00：0.82
C15	325	0.5～2	0.68	35	275	678	1 260	187	1：2.46：4.59：0.68
C15	425	0.5～2	0.75	35	249	688	1 276	187	1：2.76：5.12：0.75
C15	325	0.5～4	0.68	32	250	634	1 346	170	1：2.53：5.38：0.68
C15	425	0.5～4	0.75	32	234	637	1 354	175	1：2.72：5.79：0.75
C20	325	0.5～2	0.60	32.5	308	620	1 287	185	1：2.01：4.18：0.60
C20	425	0.5～2	0.65	34	284	658	1 273	185	1：2.32：4.48：0.65
C20	325	0.5～4	0.60	31	284	604	1 342	170	1：2.13：4.73：0.60
C20	425	0.5～4	0.67	31.5	255	622	1 352	171	1：2.44：5.30：0.67

表 2 - 13　机械振捣的中砂卵石混凝土参考配合比

混凝土标号	水泥标号	卵石粒径（厘米）	水灰比	砂率（%）	坍落度（厘米）	材料用量（千克/米³）				配合比（重量比）
						水泥	中砂	卵石	水	水泥：中砂：卵石：水
C15	325	0.5～2	0.60	27	0～1	263	548	1 481	158	1：2.08：5.63：0.60
C15	425	0.5～2	0.68	29	0～1	237	595	1 457	161	1：2.52：6.15：0.68
C15	325	0.5～2	0.60	29	2～4	280	575	1 407	168	1：2.05：5.03：0.60
C15	425	0.5～2	0.68	31	2～4	251	622	1 386	171	1：2.48：5.52：0.68
C15	325	0.5～2	0.60	31	5～7	290	606	1 350	174	1：2.09：4.65：0.60
C15	425	0.5～2	0.68	33	5～7	260	654	1 329	177	1：2.52：5.11：0.68

（续）

混凝土标号	水泥标号	卵石粒径（厘米）	水灰比	砂率（%）	坍落度（厘米）	材料用量（千克/米³）				配合比（重量比） 水泥：中砂：卵石：水
						水泥	中砂	卵石	水	
C20	325	0.5～2	0.52	26	0～1	300	518	1 476	156	1：1.73：4.92：0.52
C20	425	0.5～2	0.60	27	0～1	263	548	1 481	158	1：2.08：5.63：0.60
C20	325	0.5～2	0.52	28	2～4	319	545	1 400	166	1：1.71：4.39：0.52
C20	425	0.5～2	0.60	29	2～4	280	575	1 407	168	1：2.05：5.03：0.60
C20	325	0.5～2	0.52	30	5～7	331	575	1 342	172	1：1.74：4.05：0.52
C20	425	0.5～2	0.60	31	5～7	290	606	1 350	174	1：2.09：4.86：0.60

表 2-14　机械振捣的中砂碎石混凝土参考配合比

混凝土标号	水泥标号	碎石粒径（厘米）	水灰比	砂率（%）	坍落度（厘米）	材料用量（千克/米³）				配合比（重量比） 水泥：中砂：碎石：水
						水泥	中砂	碎石	水	
C15	325	0.5～2	0.62	30	0～1	282	589	1 374	175	1：2.09：4.87：0.62
C15	425	0.5～2	0.70	32	0～1	254	636	1 352	178	1：2.50：5.32：0.70
C15	325	0.5～2	0.62	32	2～4	298	613	1 304	185	1：2.06：4.38：0.62
C15	425	0.5～2	0.70	34	2～4	269	661	1 282	188	1：2.46：4.77：0.70
C15	325	0.5～2	0.62	34	5～7	308	643	1 248	191	1：2.09：4.05：0.62
C15	425	0.5～2	0.70	36	5～7	277	691	1 228	194	1：2.49：4.43：0.70
C20	325	0.5～2	0.53	29	0～1	326	557	1 364	173	1：1.71：4.18：0.53
C20	425	0.5～2	0.61	30	0～1	287	587	1 371	175	1：2.05：4.78：0.61
C20	325	0.5～2	0.53	31	2～4	345	580	1 292	183	1：1.68：3.75：0.53
C20	425	0.5～2	0.61	32	2～4	303	612	1 300	188	1：2.02：4.29：0.61
C20	325	0.5～2	0.53	33	5～7	357	609	1 235	189	1：1.71：3.46：0.53
C20	425	0.5～2	0.61	34	5～7	313	641	1 245	191	1：2.05：3.98：0.61

（三）砂浆

1. 砂浆的种类。按其用途分为砌筑砂浆和抹面砂浆。

（1）砌筑砂浆。用于砖石砌体，其作用是将单个砖石胶结成为整体，并填充砖石块材间的间隙，使砌体能均匀传递载荷。砌筑沼气池的砂浆一般采用水泥砂浆，其组成材料的配合比见表 2-15。

表 2 - 15　砌筑砂浆配合比

种类	砂浆标号	配合比 （重量比）	材料用量（千克/米³）	
			325 号水泥	中砂
水泥砂浆	M5.0	1∶7.0	180	1 260
	M7.5	1∶5.6	243	1 361
	M10.0	1∶4.8	301	1 445

（2）抹面砂浆。用于平整结构表面及其保护结构体，并有密封和防水防渗作用，其配合比一般采用1∶2、1∶2.5和1∶3，水灰比为0.5～0.55的水泥砂浆。沼气池抹面砂浆可掺用水玻璃、三氯化铁防水剂（3%）组成防水砂浆。沼气池抹面砂浆配合比见表 2 - 16。

表 2 - 16　抹面砂浆配合比

种类	配合比 （体积比）	1 米³ 砂浆材料用量		
		325 号水泥（千克）	中砂（千克）	水（米³）
水泥砂浆	1∶1.0	812	0.680	0.359
	1∶2.0	517	0.866	0.349
	1∶2.5	438	0.916	0.347
	1∶3.0	379	0.953	0.345
	1∶3.5	335	0.981	0.344
	1∶4.0	300	1.003	0.343

2. 砂浆的性质。砂浆应具有良好的和易性，硬化后应具有一定的强度和黏结力以及体积变化小且均匀的性质。

（1）流动性。指砂浆的稀稠程度，是衡量砂浆在自重或外力作用下流动的性能。实验室中采用如图 2 - 32 所示的稠度计来进行测定。当砖浇水适当而气候干热时，稠度宜采用8～10；当气候湿冷，或砖浇水过多及遇雨天，稠度宜采用4～5；如砌筑毛石、块石等吸水率小的材料时，稠度宜采用5～7。

（2）保水性。是衡量砂浆拌和后保持水分的能力。一般来说，石灰砂浆的保水性比较好，混合砂浆次之，水泥砂浆较差。

（3）强度。强度是砂浆的主要指标，其数值与砌体的强度有直接的关系，以抗压强度衡量。常用的砂浆有 M1.0、M2.5、M5.0、M7.5、M10。

3. 影响砂浆性质的因素。①配合比。指砂浆中各种原料的组合比例，应由施工技术人员提供，具体应用时应按规定的配合比严格计量。②原材料。各种技术性能是否符合要求，要经试验鉴定。③搅拌时间。一般要求砂浆在搅拌机内的搅拌时间不得少于 2 分钟。④养护时间和温度。砌到墙体内以后要经过一段时间以后才能获得强度。养护时

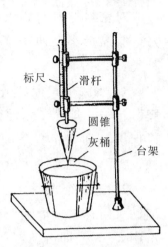

图 2-32 砂浆流动性测定仪

间、温度和砂浆强度的关系见表 2-17。⑤养护的湿度。在干燥和高温的条件下，除了应充分拌匀砂浆和将砖充分浇水湿润外，还应对砌体适时浇水养护。

表 2-17 用 325 号、425 号普通硅酸盐水泥拌制的砂浆强度增长率（％）

龄期（天）	不同温度下的砂浆强度百分率（以在 20℃时养护 28 天的强度为 100％）							
	1℃	5℃	10℃	15℃	20℃	25℃	30℃	35℃
1	4	5	8	11	15	19	23	25
3	18	25	30	36	43	48	54	60
7	38	46	54	62	69	73	78	82
10	46	55	64	71	78	84	88	92
14	50	61	71	78	85	90	94	98
21	55	67	76	85	93	98	102	104
28	59	71	81	92	100	104		

（四）密封涂料

沼气池结构体建成后，要在水泥砂浆基础密封的前提下，用密封涂料进行表面涂刷，封闭毛细孔，确保沼气池不漏水、不漏气。

　　对密封材料的要求是：密封性能好，耐腐蚀，耐磨损，黏结性好，收缩量小，便于施工，成本低。常用的沼气池密封涂料有以下种类：

　　1. 水泥掺和型。用该密封涂料涂刷沼气池，使全池以"硬质薄膜"包被，填充了水泥疏松网孔，又利用水泥高强度性能，使薄膜得以保护，具有光亮坚硬、薄膜包被、密封性能高、黏结性强、耐腐蚀、无隔离层、使用简单、节约投资等优点。

　　2. 直接涂刷型。可直接用于沼气池内表面涂刷，常用材料有硅酸钠（俗称水玻璃），具有较好的胶结能力。纯水泥浆、硅酸钠交替涂刷3～5遍即可。

　　3. 复合涂料。具有防腐蚀、防漏、密封性能好的特点，能满足常温涂刷，24小时固化，冬夏和南北方都能保持合适的黏流态。在严格保证抹灰和涂刷质量的前提下，可减少层次，节约水泥用量。

　　（五）保温材料

　　1. 彩钢夹芯板。具有轻质、保温、隔音性能好、连接牢固可靠、易于清洁、使用寿命长等特点。彩钢夹芯板所用保温夹芯主要有发泡聚苯乙烯塑料夹芯（EPS）、聚氨酯发泡塑料夹芯（PU）、岩棉（玻璃棉）夹芯。

沼气池为什么要具有良好的保温性能？

　　沼气工程构筑物在使用过程中，常有保温方面的要求。例如，在禽畜场沼气工程中，由于发酵工艺的要求，沼气池内物料的温度要常年维持在中温（33℃左右）状态下，但在通常情况下，到达沼气池前的物料温度会远远低于这一温度要求。因此，一方面需要对物料进行加温，另一方面，也要求沼气池具有良好的保温性能，从而减少因加温而造成的热量损耗。在满足构筑物功能、性能要求的前提下，选用合适的保温材料，有利于降低投资。

2. 膨胀珍珠岩。 除可用作填充材料外，还可与水泥、水玻璃、沥青、黏土等结合制成膨胀珍珠岩绝热制品。

3. 岩棉及矿渣棉。 统称矿物棉，可制成粒状棉，用作填充材料。其缺点是吸水性大、弹性小。

4. 发泡黏土。 可用作填充材料和混凝土轻骨料。

5. 玻璃棉。 可用作围护结构及管道保温。

6. 泡沫塑料。 ①聚氨基甲酸酯泡沫塑料。可用于屋面、墙面绝热。②聚苯乙烯泡沫塑料。可用于屋面、墙面绝热。③聚氯乙烯泡沫塑料。保温性能良好，可将其用于低温保冷方面。

7. 纤维板。 可用于墙壁、地板、顶棚等。

8. 蜂窝板。 具有强度重量比大、导热性低和抗震性好等多种功能。

（六）透光材料

1. 玻璃。 在农村能源建设中，玻璃是一种比较常用的材料，如用作温室的透光材料等。建造玻璃温室采用的普通玻璃为浮法平板玻璃，具有表面质量好、规格大、品种多的优点。作为玻璃温室的覆盖材料，玻璃具有透光、保温、抗老化性能较理想的优点，但它的抗冲击强度低、易碎、不能弯曲，并且对骨架要求严格，建造和维修难度大，费用高。因此，在多冰雹地区以及资金短缺的情况下，多采用其他替代材料。

2. 塑料膜。 ①聚氯乙烯薄膜（PVC）。保温性较好，并且耐酸、耐碱、耐盐；缺点是易吸灰尘，导致透光性下降。②聚乙烯薄膜。质地柔软，气温影响不明显，天冷不发硬；耐酸、耐碱、耐盐，透光性好。

3. 阳光板。又称 PC（聚碳酸酯）板、中空板，是一种新型的高品质透光隔热建筑材料，具有杰出的物理、机械和热性能，良好的抗冲击性以及隔音、采光、阻燃、防紫外线性能，广泛应用于建筑物的采光、遮雨天棚、通道顶棚、农业温室等，是目前世界上最理想的一种光棚材料。

■ 建筑识图

沼气工程图是把几个投影平面组合起来表示一个客观实物，它能完整、准确地表达出建筑物的外形轮廓、大小尺寸、结构构造和材料做法。设计人员通过图面表示其设计思路，施工和制造人员通过看图理解实物的形状和构造，领会设计意图，按图纸施工建造，使建造的实物准确地达到设计要求。所以说，图纸是指导施工的主要依据，直接参加施工的人员应熟练地掌握看图知识。

（一）基本知识

1. 正投影法与视图。在制图中，把灯所发出的光线称为投影线，墙壁称为投影面，投影面上呈现的物体影子称为物体的投影，如图 2-33 所示。在投影面上得到图形的方法称为投影法。投影线相互平行且垂直的投影称为正投影法，如图 2-34 所示。用正投影法画出来的物体轮廓图形叫正投影图，它反映物体的真实大小，如图 2-35 所示。

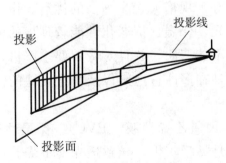

图 2-33　物体的投影图

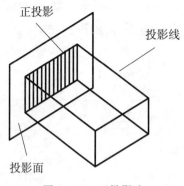

图 2-34 正投影法

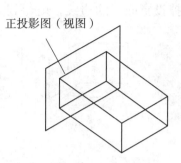

图 2-35 正投影图

任何物体的形状都可以看成由点、线、面组成。以矩形纸片的正投影为例，其基本特点如下：①如果纸片平行于投影面，投影图的形状大小和投影物一样，见图 2-36（a）。②如果纸片垂直于投影面，投影图就是一条直线，见图 2-36（b）。③如果纸片倾斜于投影面，其投影图形变小，见图 2-36（c）。由于正投影具有显示物体形状和积聚为一线的特点，所以，正投影图不仅能表达物体的真实形状和大小，而且还有绘制方便、简单等优点，因此，建筑图一般都采用正投影法，简称投影法，用投影法画出的图形通称为视图。

一个实物要反映到图纸上去，需由三个投影平面图组成，即平面图（俯视图）、正面图（主视图）、侧视图（左视图）。这三个视图是将物体放在如图 2-37 所示的三个互相垂直的投影面内进行投影得到的。

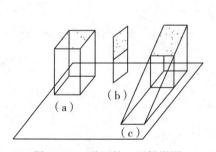

图 2-36 平面的一面投影图

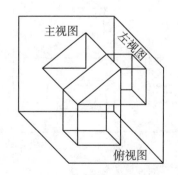

图 2-37 正三角块的三视图

如果把 3 个互相垂直的视图展开成一个平面，展开时规定正面不动，水平向下旋转，侧面向后转，如图2-38（a）直到展平，如图2-38（b）再去掉投影面上的边线，就得到了常见的三视图，如图2-38（c）。

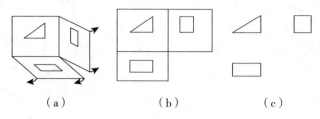

图2-38　展开的三视图

三视图具有"长对正，高平齐，宽相等"的投影关系。此关系是绘图和识图时应遵循的基本投影规律。

2. 基本几何体视图。基本几何体可分为两类：表面都是平面的，称为平面立体，如棱柱、棱锥等；表面有曲面或都是曲面的，称为曲面立体，如圆柱、圆锥、球、环等。无论物体的结构怎样复杂，一般都由表2-18中这些基本几何体组成。

表2-18　常见的基本几何体图例

几何体	立体图	三面图	施工图
长方体			
圆柱体			
圆筒体			
球体			$S\phi$

（续）

几何体	立体图	三面图	施工图
正圆锥体			
正圆台			
方台			

（二）工程施工图的种类

1. 总平面图。它是说明建筑物所在地理位置和周围环境的平面图。一般在总平面图上标有建筑物的外形、建筑物周围的地形、原有建筑和道路，还要表示出拟建道路、水、暖、电、通等地下管网和地上管线，还要表示出测绘用的坐标方格网、坐标点位置和拟建建筑的坐标、水准点和等高线、指北针、风玫瑰等。该类图纸一般以"总施××"编号。

2. 建筑施工图。包括建筑物的平面图、立体图、剖面图和建筑详图，用以表示建筑物的规模、构造方法和细部做法等。该类图纸一般以"建施××"编号。

3. 建筑结构施工图。包括基础剖面图和详图，建筑物结构的平面图，柱、梁详图和其他结构大详图，用以表示建筑物承受荷重的结构构造方法、尺寸、材料和构件的详细构造方式。该类图纸一般以"结施××"编号。

4. 水暖电通施工图。该类图纸包括给水、排水、卫生设备、暖气管道和装置、电气线路和电器安装及通风管道等的平面图、透视图、系统图和安装大详图,用以表示各种管线的走向、规格、材料和做法。该类图纸分别以"水施××""电施××""暖施××""通施××"等编号。

(三)施工图的形式

1. 图纸规格。施工图是由设计人员绘制在图纸上的,图纸规格就是指图纸的幅面和大小形式。施工图的幅面和图框尺寸如表2-19所示,施工图的形式如图2-39所示。

表 2-19　施工图幅面和图框尺寸

单位:毫米

尺寸代号	幅面代号				
	A0	A1	A2	A3	A4
$b×l$	1189×841	841×594	594×420	420×297	297×210
c	10			5	
a	25				

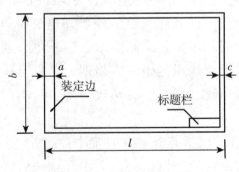

图 2-39　A0-A3 横式幅面

A0~A3 也可以绘制成立式幅面,A4 一般只绘立式幅面。当建筑物平面尺寸特殊时,图纸可以加长。

2. 标题栏。简称图标,在每张施工图的右下角,应按图2-40所示表示。

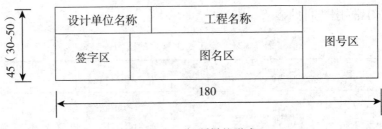

图 2-40 标题栏的形式

3. 常用线性。施工图上的线条有轮廓线、定位轴线、尺寸线、引出线等，这些线条各有其意义，见表 2-20。

表 2-20 土建工程常用线型

名称	线型	线宽	用途
粗实线	——————	b	1. 平、剖面图中被剖切的主要建筑构造（包括构配件）的轮廓线 2. 建筑立面图的外轮廓线 3. 建筑构造详图中被剖切的主要部分的轮廓线 4. 建筑构配件详图中构配件的轮廓线
中实线	——————	0.5b	1. 平、剖面图中被剖切的次要建筑构造（包括构配件）的轮廓线 2. 建筑平、立、剖面图中建筑构配件的轮廓线 3. 建筑构造详图及建筑构配件详图中一般轮廓线
细实线	——————	0.35b	小于 0.5b 的图形线、尺寸线、尺寸界限、图例线、索引符号、标高符号等
中虚线	— — — —	0.5b	1. 建筑构造及建筑构配件不可见的轮廓线 2. 平面图中的起重机轮廓线 3. 拟扩建的建筑轮廓线
细虚线	- - - - -	0.35b	图例线，小于 0.5b 的不可见的轮廓线
细点画线	—·—·—	0.35b	中心线、对称线、定位轴线
折断线	—·—·—	0.35b	不需画全的断开界线
波浪线	∿∿∿	0.35b	1. 不需画全的断开界线 2. 构造层次的断开界线

4. 图例。图例是建筑施工图纸上用来表示一定含义的符号，建

筑施工图常用图例见表2－21。

表 2－21 施工图上常用的图例

序号	名 称	图 例	说 明
1	单扇门（包括平开或单面弹簧）		1. 门的名称代号用 M 表示 2. 剖面图上左为外、右为内，平面图上下为外、上为内 3. 立面图上开启方向线交角的一侧为安装合页的一侧，实线为外开，虚线为内开
2	双扇门（包括平开或单面弹簧）		
3	空门洞		
4	单层固定窗		1. 窗的名称代号用 C 表示 2. 剖面图上左为外、右为内，平面图上下为外、上为内 3. 立面图的斜线表示窗的开关方向，实线为外开，虚线为内开；开启方向线交角的一侧为安装合页的一侧
5	单层外开平窗		
6	普通砖		1. 包括砌体、砌砖 2. 断面较窄，不易画出图例时可涂红
7	空心砖		包括各种多孔砖
8	混凝土		1. 适用于能承重的混凝土及钢筋混凝土 2. 包括各种强度等级、骨料的混凝土 3. 在剖面图上画出钢筋时，不画出图例线 4. 断面较窄、不易画出图例时可涂黑

（续）

序号	名　　称	图　　例	说　　明
9	钢筋混凝土		1. 适用于能承重的混凝土及钢筋混凝土 2. 包括各种强度等级、骨料的混凝土 3. 在剖面图上画出钢筋时，不画出图例线 4. 断面较窄、不易画出图例时可涂黑
10	烟道		
11	通风		
12	孔洞		
13	坑槽		
14	墙顶留洞	宽×高或φ	
15	自然土壤		
16	夯实土壤		
17	木材		
18	砂、灰土		靠近轮廓线，以较密的点表示
19	砂石、碎砖三合土		
20	毛石		

（续）

序号	名 称	图 例	说 明
21	焦渣、矿渣		包括与水泥、石灰等混合而成的材料
22	多孔材料		包括水泥珍珠岩、沥青珍珠岩、泡沫混凝土、非承重加气混凝土、泡沫塑料、软木等
23	纤维材料		包括麻丝、玻璃棉、矿渣棉、木丝板、纤维板等
24	金属		1. 包括各种金属； 2. 图形小时，可涂黑
25	钢筋横断面		
26	无弯沟的钢筋端部		
27	带半圆形弯沟的钢筋端部		
28	带直沟的钢筋端部		
29	带丝口的钢筋端部		
30	无弯沟的钢筋搭接		
31	带半圆弯沟的钢筋搭接		
32	带直沟的钢筋搭接		
33	套管接头		

（续）

序号	名　称	图　例	说　明
34	Ⅰ级钢筋 （3号钢）	Φ　　　∅	
35	Ⅱ级钢筋	ф　　　Φ̲	
36	Ⅲ级钢筋	ф　　　Φ̲	
37	冷拉Ⅰ级 钢筋	ф′　　○′	

（四）建筑施工图

建筑施工图由总平面图、各层平面图、剖面图、立面图、建筑详图以及必要的说明和门窗细表等组成。

1. 建筑平面图。主要表示建筑物的平面形状、水平方向各部分的布置和组合关系、门窗位置、其他建筑构配件的位置以及墙、柱布置和大小等情况。

2. 建筑立面图。主要用来表示建筑物的外貌，并表明外墙装修的要求，如图2-41所示。

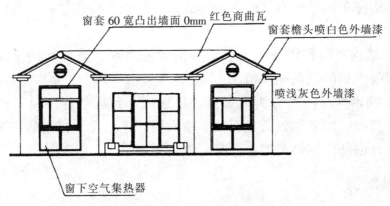

图2-41　建筑立面图

3. 建筑剖面图。主要用来表达建筑物的结构形式、构造、高度、材料及楼层房屋的内部分层情况，如图2-42所示。

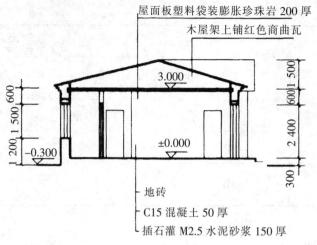

图 2-42　建筑剖面图

4. 建筑详图。是建筑细部的施工图，它对建筑物的细部或构配件用较大的比例将其形状、大小、材料和做法绘制出来。

（五）结构施工图

结构施工图主要表达结构设计的内容，用来作为施工放线、挖基槽、支模板、绑扎钢筋、安设预埋件、浇捣混凝土，安装梁、板、柱等构件，以及编制预算和施工组织设计等的依据。

结构施工图一般有结构布置图、楼盖结构、屋顶结构、各结构详图、布置图、节点连接以及必要的说明等。

1. 结构平面布置图。表示承重构件的布置、类型和数量或现浇钢筋混凝土板的钢筋配置情况。

2. 构件详图。可分为配筋图、模板图、预埋件详图及材料用量表等。其中，配筋图包括立面图、断面图和钢筋详图。钢筋详图中表示了构件内部的钢筋配置、形状、数量和规格。

■ 建筑常识

（一）施工测量与放线

在建筑工程施工中，首先要将施工图上设计好的建筑物测绘到地面上，这是施工测量和放线的主要任务。施工测量放线是利用各种测量仪器和工具，对建筑场地上地面点的位置进行度量和标高的测定工作。

1. 建筑物的平面定位。施工现场定位的基本方法主要是依据建筑的互相关系定位，即按照施工总平面图中所标出的与已有建筑关系尺寸进行定位。如图2-43所示，以原有建筑物（甲）为基准，用平行线法和延长线法相结合，定出新建筑物（乙）的位置。

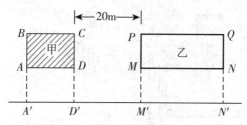

图2-43 利用与已有建筑物联系定位

2. 新建建筑物标高的测定。平面定位只是解决平面位置的问题，在竖向则要进行空间定位，即标高测定。一般有两种方法：一种是利用周围地段现有的标高来测定房屋的标高，另一种是引进水准基点来测定房屋的标高。

3. 龙门板桩。开挖基槽时，用龙门板桩标出基槽宽度及中心轴线。同时，将板两端钉在木桩上，以便挖土时，据此往下推算尺寸及砌砖时控制基础轴线，如图2-44所示。

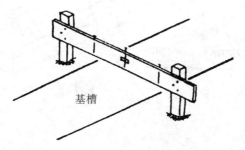

图2-44 龙门板桩示意

4. 放线施工。按照施工图纸上的数据，定出建筑物浇筑各部位的施工尺寸。在放线施工中，基础放线是关键：①轴线控制。当建筑物定位后，并钉立龙门板桩，然后按施工图中基础平面图的数据，用白灰画出基槽开挖的边界线，俗称打灰线，如图2-45所示。②基槽标高测定。一种是用龙门板，拉通小线，用尺子直接丈量而得；另一种是在基槽内，用水准仪测设水平桩，如图2-46所示。③把轴线、标高引上基础墙。基础墙砌完后，应根据龙门板，将墙的轴线利用经纬仪反测到基础墙上，如图2-47所示。

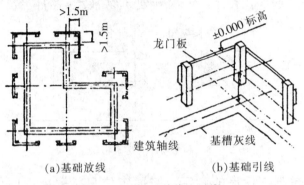

(a)基础放线　　　　　　　(b)基础引线

图2-45　基础放线、引线

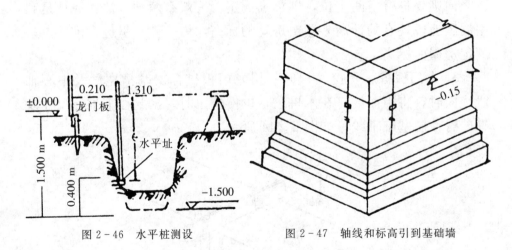

图2-46　水平桩测设　　　　　图2-47　轴线和标高引到基础墙

（二）土方工程

建筑工程中的土方工程包括场地平整、基槽、路基及一些特殊土工构筑物等的开挖、回填、压实等。

1.基槽土方施工。①地表清理和放线。在开挖前，基槽应根据龙门板桩上的轴线，放出基槽的灰线和水准标志。不加支撑的基槽，在放线时应按规定要求放出边坡宽度。当基础埋置较深、场地又狭窄及不能放坡时，必须设挡土墙，以防土壁坍塌事故发生。②基槽土方开挖。在地面上放出灰线以后，即可进行基槽的开挖工作。开挖中要做到分层分段均匀下挖，检查有无埋设物，平底、修整基槽，开挖土方弃土，基槽检验。

2. 垫层施工。 为了使基础与地基有较好的接触面，常常在基础底部设置垫层。常用的垫层材料有素土、灰土、三合土、低强度等级的混凝土等。

（1）素土垫层施工。先挖去原有部分土层或全部土层，然后回填素土，分层夯实。素土垫层一般适用于处理湿陷性黄土和杂填土地基。土料一般以轻亚黏土或亚黏土为宜，不应采用地表耕植土、淤泥、淤泥质土、膨胀土及杂填土。土料中不得有草根等有机物质。

（2）灰土垫层施工。用石灰和黏性土拌和均匀，然后分层夯实。土料应尽量采用原土或亚黏土、亚砂土，土内不得含有有机物质。土料应过筛，粒径不得大于 15 毫米。施工前应验槽，清除浮土。施工时应控制含水量，以灰土能紧握成团、二指轻捏即碎为宜。

（3）三合土垫层施工。用石灰、细骨料、碎料和水拌匀后，分层铺放、夯实。石灰在使用前应用水熟化成粉末或溶成石灰浆。常用的细骨料有中砂、粗砂、细炉渣等，常用的碎料有碎（卵）石、碎砖、矿渣等。体积比一般为 1∶2∶4 和 1∶3∶6（石灰∶细骨料∶碎料）。

（4）混凝土垫层施工。水泥可选用普通硅酸盐水泥、矿渣硅酸盐水泥、火山灰质硅酸盐水泥、粉煤灰硅酸盐水泥。砂子应质地坚硬、耐久、干净，一般宜采用粗砂或中砂。石子采用碎（卵）石，其粒径不应超过 50 毫米，并不得超过垫层厚度的 2/3。混凝土垫层的标号不得低于 C10。

（三）砌筑工程

砌筑工程是指由砖或预制好的砌块作为墙体材料砌筑构筑物。

1. 砌砖。 每砌一块砖，需要经过铲灰、铺灰、取砖、摆砖四个动作来完成。铲灰时要掌握好取灰的数量，尽量做到一刀灰一块砖，灰浆要铺得平整和饱和。铺灰比较关键，关系到砌砖的速度和砌筑质量的好坏。取砖时包括选砖，选定最合适的面朝向墙的外侧。摆砖直接体现砌体的结构和质量，要求横平竖直、错缝搭接、灰浆饱满、整洁美观。

2. 实心砖砌体的组砌方法。砖砌体是由砖块和砂浆通过各种形式而搭砌成的整体。要想组砌成牢固的整体，首先，砌体必须错缝，要求砖块最少搭接1/4砖长，如图2-48所示。其次，要控制水平灰缝厚度，一般为10毫米，最大不得超过12毫米，最小不得小于8毫米。第三，做好墙体之间的连接。两道相接的墙体最好同时砌筑，如果不可能同时砌筑，应在先砌筑的墙上留出接茬（俗称留茬），后砌的墙体要镶入接茬内（俗称咬茬）。接茬有"斜茬"（又叫"踏步茬"，如图2-49所示）和"直茬"（又叫"马牙茬"，如图2-50所示）之分。留"直茬"时，必须在竖向每隔500毫米配置直径6毫米钢筋作为拉结筋，伸出及埋在墙内各500毫米长。

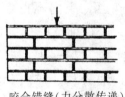
咬合错缝(力分散传递)

不咬合(砌体压散)

图2-48　砖砌体的错缝

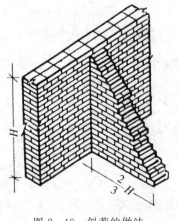

图2-49　斜茬的做法

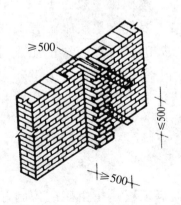

图2-50　直茬的做法

砌体中砖有不同的砌法，如图 2-51 所示。

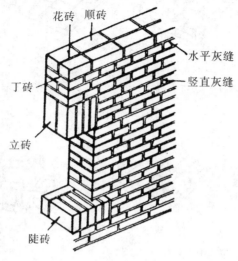

图 2-51　砖墙的构造

3. 实心墙的组砌方法。最常见的是"一顺一丁组砌法"，由一皮顺砖、一皮丁砖间隔组砌而成。上下两皮砖之间的竖向灰缝都相互错开 1/4 砖长。墙面组合形式，一种是顺砖层上下对齐，称为十字缝，如图 2-52（a）所示；另一种是顺砖层上下错开半砖，称为骑马缝，如图 2-52（b）所示。

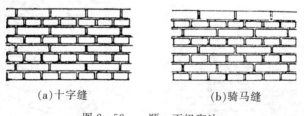

(a)十字缝　　　　　　　　　(b)骑马缝

图 2-52　一顺一丁组砌法

"一顺一丁组砌法"调整砖缝的方法可以采用"外七分头"或"内七分头"，一般都用"外七分头"。一顺一丁墙的大角组砌法如图 2-53、图 2-54、图 2-55 所示。

4. 空斗墙的构造。空斗墙是由普通砖砌筑（条面朝下）组成一个一个的"斗"而夹砌在墙中。大面朝向操作者的叫斗砖，竖丁面朝向操作者的叫丁砖，水平放的丁砖（眠砖），如图 2-56 所示。

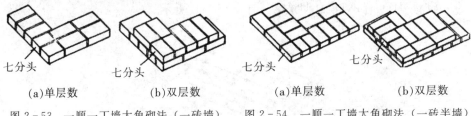

(a)单层数　　　　(b)双层数　　　　(a)单层数　　　　(b)双层数

图2-53　一顺一丁墙大角砌法（一砖墙）　　图2-54　一顺一丁墙大角砌法（一砖半墙）

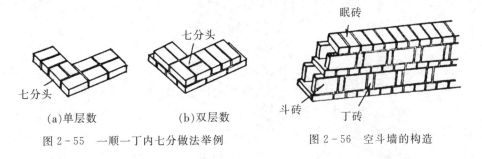

(a)单层数　　　　(b)双层数

图2-55　一顺一丁内七分做法举例　　　　图2-56　空斗墙的构造

一皮眠砖、一皮斗砖间隔砌筑法称为一斗一眠，如图2-57所示。此外，还有多斗一眠的砌筑法，如图2-58所示。

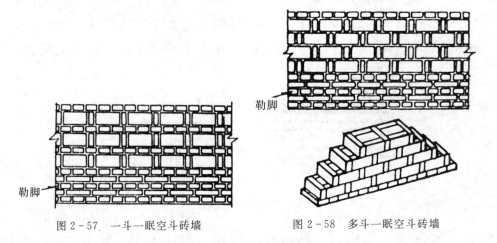

图2-57　一斗一眠空斗砖墙　　　　　　图2-58　多斗一眠空斗砖墙

5. 空心砖墙的组砌方法。空心砖墙有两种，一种是水平空洞，适宜砌筑填充墙；另一种垂直空洞，可以砌筑承重墙。空心砖墙的组砌方法如图2-59所示。技术要求：①每一层墙的底部应砌3皮实心砖，外墙勒角部分也应砌实心砖。②空心砖不宜砍凿，不够整砖时可用普通砖补砌。③墙中留洞、预埋件、管道等处应用实心砖砌筑，或做成预制混凝土构件或块体。④门窗过梁支撑处应用实心砖砌筑。⑤门窗洞口两侧一砖长范围内应用实心砖砌筑。

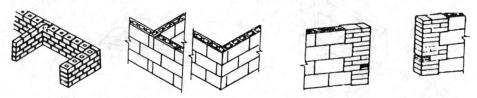

(a)空心砖墙交接处的砌法　　(b)空心砖墙在门包实心砖砌法

图 2-59　空心砖墙的组砌方法

6. 矩形砖柱的砌筑方法。矩形砖柱分为独立柱和附墙柱两类。柱面上下各皮砖的竖缝至少错开 1/4 砖长，柱心不得有通缝，并尽量少打转，也可利用 1/4 砖，应尽量选用整砖砌筑。矩形独立柱的组砌方法如图 2-60 所示，图中一砖半柱的组砌方法为常用方法，虽然它在竖向两皮砖间有两条 1/2 砖长的通缝，但是砍砖少，有利于节约材料和提高工效。矩形附墙柱的组砌方法如图 2-61 所示。

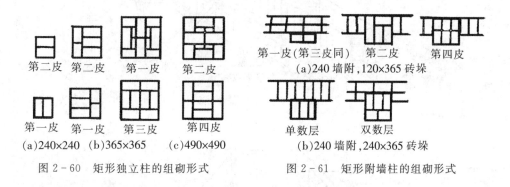

图 2-60　矩形独立柱的组砌形式　　　图 2-61　矩形附墙柱的组砌形式

（四）混凝土工程

混凝土是一种人造石材，常在混凝土受拉区域加入一定数量的抗拉能力好的钢筋，两种材料黏结成一个整体共同承受外力。用钢筋混凝土制成的梁、板、柱等均称为钢筋混凝土构件。配置在混凝土构件中的钢筋，按其作用分为受力筋、箍筋、架立筋、分布筋等，如图 2-62 所示。

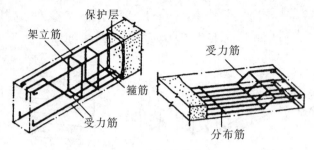

图 2-62 钢筋的种类

1. 模板工程。 模板是灌注混凝土结构的模型，它决定混凝土的结构形状和尺寸。在混凝土施工中，对模板的基本要求是安装正确、支撑牢固、装拆方便、用料合理、接缝严密，模板表面拼缝平整、严密、不漏浆。

条形基础模板和圈梁模板的构造如图 2-63、图 2-64 所示。

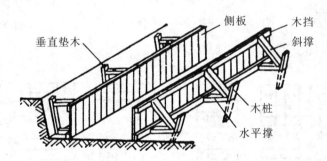

图 2-63 条形基础模板

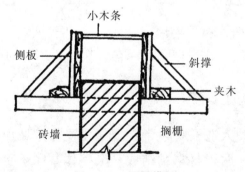

图 2-64 圈梁模板

2. 钢筋工程。 主要任务是根据构件配筋图计算出构件下料长度，以此为依据进行钢筋的加工，最后进行钢筋的绑扎和安装。钢筋的弯钩形式有半圆弯钩（图2-65）、直弯钩（图2-66）及斜弯钩（图2-67）。

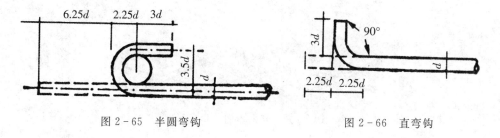

图2-65　半圆弯钩　　　　　　　　图2-66　直弯钩

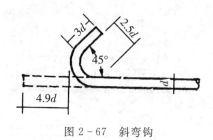

图2-67　斜弯钩

如何计算钢筋下料长度？

无弯钩架立钢筋：下料长度＝构件长－两端保护层

有弯钩直钢筋：下料长度＝构件长－两端保护层＋两个弯钩长

弯起钢筋：下料长度＝直段长度＋斜段长度＋两个弯钩长－弯曲延伸值

箍筋：下料长度＝箍筋周长＋弯钩长＋外包尺寸调整值

钢筋加工包括除锈、调直、剪切、弯曲成型等工序。

绑扎钢筋是借助钢筋钩用18～22号铅丝或火烧铁丝，把各种单根钢筋绑扎成整体网片或骨架，常用的交叉点绑扎采用一面顺扣法（如图2-68）。为防止网片或骨架歪斜变形，要分左右方向扣扎，即八字形绑扎。

图2-68　钢筋一面顺扣绑扎

绑扎接头将钢筋按规定长度搭接一起，形式如图2-69所示。

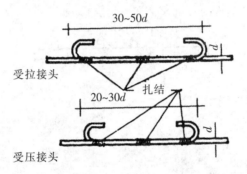

图2-69　绑扎接头形式

钢筋安装过程中，为保持两层钢筋间有一定间距，可选用直径25毫米的短钢筋作为垫筋，而且在钢筋骨架的下部及侧边安设水泥垫块，以保证钢筋有一定的保护层。

3. 混凝土工程施工。包括混凝土搅拌、浇筑、振捣、养护等主要施工环节。

（1）搅拌。将水、水泥和粗细骨料进行均匀拌和及混合，有人工搅拌和机械搅拌两种。

（2）浇筑。把搅拌好的混凝土倒入模板中浇筑。在入模时，为了保证混凝土不产生离析现象，混凝土自高处倾落时的自由倾落高度不宜超过2米。在浇筑过程中，为了使混凝土浇捣密实，必须分层浇筑。

（3）振捣。混凝土浇入模板后，在初凝前对其进行机械或人工捣实，以保证其密实度。机械振捣有垂直振捣和斜向振捣两种，如图 2-70 所示。混凝土分层灌注时，每层混凝土厚度应不超过振动棒长度的 1.25 倍；在振捣上一层时，应插入下层 5～10 厘米，以消除两层之间的接缝（图 2-71）。同时，在振捣上层混凝土时，要在下层混凝土初凝之前进行。振动器插点要均匀排列，可采用"行列式"或"交错式"（图 2-72）的次序移动，不应混用，以免造成混乱而发生漏振，每次移动位置的距离不大于振动棒作用半径的 1.5 倍。

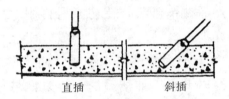

图 2-70　插入式振捣器的振捣方法

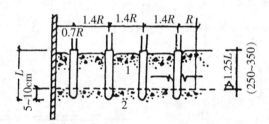

图 2-71　插入式振捣器的插入深度

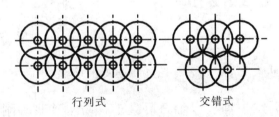

图 2-72　插点排列

　　（4）养护。混凝土浇筑后，逐渐凝固、硬化以致产生强度，这个过程主要由水泥的水化作用来实现。混凝土养护的目的，就是要创造各种条件，使水泥充分水化，加速混凝土硬化。

（五）密封与防水工程

1. 基础防潮层。 基础防潮层应在基础墙全部砌到设计标高后才能施工，应该作为一道工序来完成，不允许在砌墙砂浆中添加防水剂进行砌砖来代替防潮层。防潮层所用砂浆一般采用1：2水泥砂浆加水泥含量的3%～5%的防水剂搅拌而成。如使用防水粉，应先把粉剂搅拌成均匀的稠浆后，再添加到砂浆中去。抹防潮层时，应先在基础墙顶的侧面，抄出水平标高线，然后用直尺夹在基础墙的两侧，尺上按水平线找准，然后摊铺砂浆，待初凝后再用木抹子收压一遍，做到平、实、表面不光滑。

2. 防水工程。 一般分为柔性防水和刚性防水两种。

（1）柔性防水。以沥青、油毡、油膏等柔性材料铺设。通常用三层油毡四层沥青分层黏结，其优点是对建筑物地基沉降、受震动或温度变化的适应性较好；缺点是施工复杂，层次多，出现渗漏后维修比较麻烦。柔性防水的层次及橡口构造如图2-73所示。

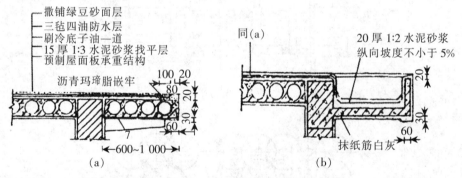

图2-73　柔性防水层及橡口做法

（2）刚性防水屋面。以细石混凝土、防水砂浆等刚性材料作为防水层。为防止因温度变化或建筑物不均匀沉降而引起的开裂，需设置分仓缝以防渗漏，图2-74所示是两种分仓缝的做法。采用刚性防水较为普遍，效果较好的做法是细石混凝土防水层。一般是在钢筋混凝土上，用C20细石混凝土浇筑30～50毫米，并在混凝土整体设置双向钢筋网片。刚性防水构造如图2-75所示。

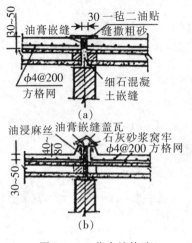

图 2-74　分仓缝构造

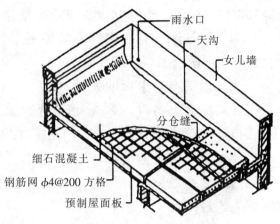

图 2-75　刚性防水构造

4 安全知识

■ 安全用管沼气

　　沼气中的甲烷、氢、硫化氢都是可燃物质，在常压下，沼气与空气混合的爆炸极限是 $8.8\%\sim24.4\%$。沼气中含有的微量剧毒硫化氢气体，毒性很强。使用沼气容易发生的事故主要是窒息中毒、烧伤和火灾等。因此，在生产、管理和使用沼气中，应注意安全，防止意外事故发生。

（一）防止沼气窒息中毒

　　沼气池中甲烷含量一般在 $55\%\sim70\%$。人进入沼气池时，若池内不通风，甲烷过多，就会发生窒息性中毒。

　　沼气中的甲烷比空气轻一半，而二氧化碳和氮气比空气重一半，当人打开活动盖板通风时，甲烷较容易跑出来，而二氧化碳和氮气还在里面，若不经过充分通风，人进去就会发生窒息性中毒。

　　沼气池中还含有少量的硫化氢，毒性很强。它的浓度达到 $0.1\%\sim$

0.2％时，就会使人中毒。沼气池中硫化氢的浓度为 0.01％～0.153％。因此，池内硫化氢中毒也是存在的。

如果沼气池中有含磷的发酵原料，就会产生剧毒物质磷化三氢，这也可能是发生中毒的原因之一。

预防沼气窒息中毒的方法：

（1）在大出料时，要先敞开活动盖和进出料口，使池内空气流通，待贮气箱中残存沼气全部排出后再入池。

（2）进入沼气池前，一定要用鸡、鸭、兔等小动物装进笼中，放入池内，观察数分钟。如果动物出现窒息，应向池内通风，待动物正常，人再进入。

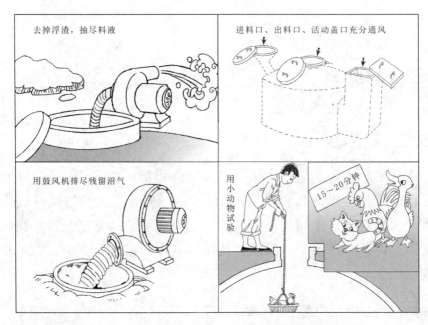

图 2-76　下池前，池内残留沼气一定要排尽

（3）下池的人员，要在胸部拴一根保险绳，池外设专人守护。如果下池人发生意外，池外可立即拉动保险绳，将人救出。严禁单人操作。

（4）建造离地面比较浅的沼气池，尽量避免下池操作，把沼气池的深度控制在 2 米以内。这样，清除池里的沉渣可以在池外进行。

（5）在沼气系统建筑物或构筑物醒目位置设置防止沼气窒息中毒的安全标示，见图2-77。

图2-77　防止沼气窒息中毒的安全标示

沼气窒息中毒的急救办法：

（1）向池内继续通风。抢救人员要沉着冷静，动作迅速，切忌慌张和盲目下池，以免继续发生窒息中毒。同时要马上派人去请医生。

（2）迅速搭好梯子，抢救人员要拴上保险绳，入池前吸一口气（最好口内含胶管通气，胶管一端伸出池外），尽快把人救出池外，放在空气流通的地方，进行抢救并注意保暖。严禁围观。

（3）已经停止呼吸的病人，应做人工呼吸。如果心跳停止，应做胸外心脏按摩和对口呼吸，同时注射呼吸兴奋药物。出现痉挛的病人要注射镇定药物。并马上送医院进行抢救。

（4）若病人身上有粪渣，应先清洗面部，掏出嘴里粪渣，并抱住昏迷者了胸部，让头部下垂，把肚内粪液吐出，再进行抢救。

（二）防止沼气爆炸

沼气是一种可燃气体，一遇上火苗就会猛烈燃烧。以下几种情况容易发生爆炸：

（1）新建的沼气池装料产气后，不正确地在导气管上点气，试验是否产气，容易引起回火发生爆炸。

图 2-78　严禁在出料口和导气管处试气

（2）沼气池出料、池内形成负压，这时点火用气，发生内吸现象，引起火焰入池，发生爆炸。

（3）厨房密闭条件好，沼气长时间泄漏，在房间内与空气混合比例达到爆炸条件时，在开火或开电器时产生火花，引起爆炸。

预防沼气爆炸的措施：

（1）在操作过程中，一定要按规范，严禁在导气管口或在刚开口的沼气池上试火。

（2）出料后，要等产气正常后，方可使用，避免因池内负压发生回吸而引发爆炸，建议推广集水管的使用，在保护池内气压不致过大的同时，管内的水还可以防止火焰回吸。

（3）要注重安全意识的培养，发现厨房内有臭鸡蛋味时，一定要开窗、开门通风，使沼气尽快扩散出去，避免浓度过大，引发爆炸，并定时检查管路，防止漏气发生。

（4）在沼气系统建筑物或构筑物醒目位置设置防止沼气爆炸的安全标示，见图 2-79。

图 2-79　防止沼气爆炸的安全标示

（三）防止沼气火灾

以下几种情况容易发生火灾：

（1）易燃物离沼气燃具或沼气灯距离过近，沼气燃烧时温度高达1 400℃，引燃周围可燃物。

（2）由于管路安装不规范，或使用时间过长发生老化，沼气泄漏，引发火灾。

（3）脱硫器进行脱硫剂再生时，空气进入脱硫器后和脱硫剂发生反应，引起脱硫器燃烧，引起火灾。

预防沼气火灾的措施：

（1）在使用沼气灶或沼气灯之前，要先点着火柴等引火物等在一旁，然后打开沼气开关，稍等片刻，点燃沼气灶或沼气灯。如果先打开沼气开关，再点燃火柴等引火物，等候时间稍长，灶、灯具周围沼气增多，就会有被烧伤的危险，甚至有引起火灾的可能。

（2）沼气灶和沼气灯不要放在柴草、油料、棉花、蚊帐等易燃品旁边，也不要靠近草房的屋顶。

（3）沼气管路一定要按照标准规范要求进行安装。主管距离明火应大于50厘米；管道距离电线不得小于10厘米，距离烟囱应大于

图 2-80　易燃物要远离沼气燃具

50 厘米；室内水平管路的高度不得低于 1.8 米，沼气灯距离顶棚高度大于 75 厘米，距离室内地面 2 米以上，距离电线、烟囱要超过 1 米。

（4）经常用肥皂水等检漏材料检查开关、管道、接头等处有无漏气。也可用碱式醋酸铅试纸检查，方法是：用清水把试纸浸湿，贴在要检查的部位，如果漏气，试纸和沼气中的硫化氢发生化学反应，使试纸变成黑色。如果在关闭开关的情况下，闻有臭鸡蛋气味（硫化氢气味），则可以肯定，沼气设备有漏气的地方，而且漏气还比较严重，要赶快检查处理。

> **!温馨提示**
>
> 　　发生沼气窒息性中毒、爆炸和火灾等事故，都是由于操作人员不了解沼气的"脾气"和麻痹大意造成的。只要掌握了安全管理和使用沼气的知识，并且认真对待它，就能防止沼气事故的发生。

（5）在大换料时，一定要关闭脱硫器，以免造成脱硫器自燃。

（6）在沼气系统建筑物或构筑物醒目位置设置防止沼气发生火灾的安全标示，见图2-81。

图2-81　防止发生沼气火灾的安全标示

■ 安全施工常识

（一）施工场地安全

为保证施工场地安全，应做好以下几方面工作：

（1）沼气工程施工现场的道路、斜道和脚手架等应即时清扫，如有雨水冰雪，要采取防滑措施，设置防滑标示（图2-82）。

（2）材料存放区的场地应平整，并有排水措施。密封漆、油漆等可燃物品应单独存放，并注意防火防爆；堆放、取用管材时，应防止管材滚落。

（3）暑季施工，宜适当避开高温时段，并做好防暑降温工作，长时间露天作业场所应采取防暑措施；冬季进行沼气池启动、试水试压试验时，应采取防冻措施。

（4）雨后或解冻期在基槽或基坑内作业前，应检查土方边坡，确认无裂缝、塌方、支撑变形、折断等危险因素后，方可进行施工。

（5）沼气池内，在天然光线不足的地方或在夜间进行工作时，应

图 2-82　施工场地防滑标示

该设置足够的照明设备。

（6）电器设备和线路的绝缘必须良好，裸露的带电导体应该安装于碰不到的处所或加装护罩、设置安全遮拦和明显的警告标志，电线接头的包裹应使用绝缘防水胶布。临时电缆应沿房屋或架空铺设。过路电线电缆应架高且高度不低于 4.5 米，泥土地面可将电线电缆加装护套，埋于地下不低于 30 厘米处并在路边设立标志（图 2-83）。

（7）施工人员禁止酒后进入施工现场，确保施工安全。

图 2-83　施工场地安全标示

（二）防护用具的使用

进入施工区域必须佩戴安全帽。安全帽必须有安检标签的合格产品。佩戴安全帽时应注意安全帽的帽衬和帽壳不能紧贴，应留有一定间隙，必须系紧下颚带（图2-84）。

进行电焊、气割、砂轮打磨等作业时，操作人员应佩戴适用于该作业的防护眼镜（图2-85）。

图2-84　安全防护标示

图2-85　安全防护标示

在涂刷密封器、油漆等工作时，须戴防护手套（图2-85）；触电操作时，须戴防触手套。

对沼气池泄漏或改建等操作时，必须采取可行的保护措施，作业工人可戴防毒面具（图2-87）。

施工现场作业时，严禁穿布鞋、旅游鞋等，高处作业时，应穿防滑胶底鞋。

作业高度大于1.5米使用安全带，每次使用时应检查安全带的部件是否完全。如发现有破损、变形等情形及时反映，并结束使用，以保障操作安全。安全带必须系挂在施工作业处上方的牢固构件上，不得系挂在有尖锐棱角的部件上。

图 2-86 安全防护标示

图 2-87 安全防护标示

（三）施工事故处理

针对不同沼气工程，开工前制订紧急事件处理预案。万一发生安全事故，首先需抢救伤员，立即疏散现场施工人员，同时立即向上级报告。

1. 坠落事故的抢救措施。①首先根据伤者受伤部位立即组织抢救，促使伤者快速脱离危险环境，送往医院救治，并保护现场。察看事故现场周围有无其他危险源存在。②在抢救伤员的同时迅速向上级报告事故现场情况。③抢救受伤人员时几种情况的处理：如确认人员已死亡，立即保护现场；如发生人员昏迷、伤及内脏，立即联系120急救车或距现场最近的医院，并说明伤情，为取得最佳抢救效果，还可根据伤情送往专科医院；如发生外伤大出血，急救车未到前，现场采取止血措施；如发生骨折，注意搬运时的保护，对昏迷、可能伤及脊椎、内脏或伤情不详者一律用担架或平板，禁止用搂、抱、背等方式运输伤员。一般性伤情送往医院检查，防止破伤风。

2. 坍塌事故应急处置。①坍塌事故发生时，及时切断有关闸门，并立即向上级汇报。发生后立即组织抢险人员在半小时内到达现场。

根据具体情况，采取人工和机械相结合的方法，对坍塌现场进行处理。②事故现场周围应设警戒线。③解决坍塌事故要讲科学，避免急躁行动引发连续坍塌事故发生。④救人第一的原则。当现场遇有人员受到威胁时，首要任务是抢救人员。⑤伤员抢救立即与急救中心和医院联系，请求出动急救车辆并做好急救准备，确保伤员得到及时医治。⑥事故现

> ! **温馨提示**
>
> 　　减少伤亡事故必须坚持"安全第一，预防为主""以人为本"的原则。在基础施工阶段，重点防止土方坍塌，必须有配套的基础施工保护方案。在主体施工阶段，重点放在脚手架、机械操作，强调高处安全作业。

场取证救助行动中，安排人员同时做好事故调查取证工作，以利于事故处理，防止证据遗失。⑦自我保护。在救助行动中，抢救机械设备和救助人员应严格执行安全操作规程，配齐安全设施和防护工具，加强自我保护，确保抢救行动过程中的人身安全和财产安全。

参考文献

农业部环境能源司 .1990. 沼气技术手册 . 成都：四川科技出版社 .

邱凌 .1997. 庭园沼气高效生产与利用 . 北京：科学技术文献出版社 .

张全国 .2013. 沼气技术及其应用 .3 版 . 北京：化学工业出版社 .

中华人民共和国国家标准 .2002.GB/T 4752—2002 户用沼气池施工操作规程 . 北京：中国标准出版社 .

单元自测

1. 什么是沼气？它由哪些成分组成？各种成分有什么特性？

2. 沼气发酵应具备什么条件？各条件应如何调控？

3. 混凝土由什么材料组成？各有什么特性？影响其性能的主要因素有哪些？

4. 砌砖的基本功分为几个步骤？砖砌体要想组砌成牢固的整体，必须遵循哪些原则？

5. 现浇混凝土模板、配筋、搅拌、振捣、养护的技术要领有哪些？

6. 沼气窒息中毒、爆炸、火灾是如何发生的？应如何急救？

7. 沼气工程施工应采取什么安全措施？

技能训练指导

一、原料总固体（TS）和挥发性固体（VS）检测

1. 总固体（TS）检测。将一定量原料在 103～105℃ 的烘箱内，烘至恒重，它包括可溶性固体和不溶性固体，因而称为总固体。其计算方法如下：

$$TS = \frac{W_2}{W_1} \times 100\%$$

式中　W_1——烘干前样品重量；

　　　W_2——烘干后样品重量，即干物质量。

2. 挥发性固体（VS）检测。将测得的总固体（TS）进一步放入马福炉内，于（550±50）℃的条件下灼烧 1 小时，此时 TS 中所含的有机物全部分解而挥发，一般挥发掉的固体视为有机物，残留物称为灰分。其计算方法如下：

$$VS = \frac{TS - 灰分}{TS} \times 100\%$$

二、砌砖训练

1. 用瓦刀或大铲等工具从灰斗铲砂浆，尽量做到一刀砂浆砌一块砖。

2. 铺灰：将砂浆平铺在砖砌体上，砂浆要铺得平整和饱和。

3. 取砖：铲灰和取砖的动作应一次完成，取砖时，观察砖的四个面，选定最合适的面，朝向墙的外侧。

4. 摆砖：摆砖要做到横平竖直、错缝搭接、灰浆饱满、整洁美观。

三、沼气窒息人员的急救

1. 向沼气池内强制通风，输送新鲜空气。

2. 抢救人员腰间拴上保险绳，口含通气胶管，一端伸出池外。

3. 将窒息人员救出池外后，放在空气流通的地方，进行抢救并注意保暖。

4. 对已经停止呼吸的窒息人员，尽早进行人工呼吸和心脏按压，同时注射呼吸兴奋药物。出现痉挛的病人要注射镇定药物，并马上送医院进行抢救。

学习笔记

模块三
农村沼气系统规划

农村沼气系统由沼气发酵子系统、沼气池保温与增温子系统、沼气输配净化与使用子系统、沼肥贮存与输运子系统构成，是构建和发展以沼气为纽带的优质高效农牧复合生态工程模式的基础和关键，其系统科学性、结构合理性和技术先进性决定了农牧复合生态工程的持久运行和效能发挥。

1 沼气发酵系统优化设计

进行厌氧发酵制取沼气的密闭装置被称为沼气池，在设计上力求简易、实用、高效、易管。

■ 设计参数

在设计沼气池前，必须根据地质、水文、气象、建筑材料、所采用的有关设计规范、沼气发酵工艺参数等有关资料作为设计依据。以下着重介绍沼气发酵工艺设计参数。

（一）气压

沼气发酵工艺及沼气灯炉具都要求沼气气压相对稳定，且宜小不宜大。对于水压式沼气池，如果设计气压过大，则池体结构强度加大，气密性等级提高，投资加大；气压过小，势必水压间面积过大，占地多（顶水压式除外）。农村家用水压式沼气池常用设计气压一般为 6~8 千帕，浮罩式沼气池设计气压一般为 2~3 千帕。

（二）水力滞留期

水力滞留期是指原料在池内的平均滞留时间，计算公式为：

水力滞留期（天）＝沼气池有效容积（米³）/每天加料体积（米³/天）

滞留期选择过小，原料不能被充分分解利用，甚至使发酵不能正常进行。因此某些条件确定之后，从发酵工艺角度考虑，要确定一个极限水力滞留期。

滞留期选择过大，原料分解利用固然好，但建池容积增大，池容产气率下降，沼气成本增高，投资回收期加长，也是不合算的。

最佳滞留期的选择要根据工程目标、料液情况、温度等具体条件确定。农村沼气池通常采用自然温度发酵，其产气温度区间为 10~28℃，低于 10℃ 产气微小。由于各地气候不一样，在上述温度区间内的变化极大，在选择水力滞留期时既要考虑最高温度，又要考虑最低温度。实际运行中，沼气池在夏季处于某种"饿肚子"状态，冬季又处于某种"胀肚子"状态，这是采用变温发酵工艺不可避免的缺陷。

当采用恒温发酵工艺时，畜禽粪便中的固形物如果不分离，进料总固体浓度较高，这时中温发酵（30℃）的水力滞留期一般为 20 天左右；若采用变温发酵，水力滞留期一般为 30~60 天。

采用批量投料发酵工艺时，原料的滞留期是指从进料到出料的整个周期。采用有大出料的半连续发酵工艺时，原料的滞留期无法确定，它与第一次投料的多少、补料情况、出料时间和数量有关。

（三）容积产气率

容积产气率是指在一定的发酵条件下，沼气池单位容积的产气量。它与沼气池的能源效益紧密联系，可用气体流量测定，可以进行现场检测，是沼气池的重要评价指标。

这一指标受综合因素的影响，例如原料入池的多少、原料种类、沼气池规模、发酵时间、发酵温度等。只有在这些因素基本相同的情况下，才能用其评判和比较不同新型池的功能及优劣。

采用农业废弃物发酵的沼气池，在中温情况下，容积产气率可达 2 米^3/（米^3·天）以上；采用自然温度发酵的高效户用沼气池，在夏季原料充足时，容积产气率可达 1 米^3/（米^3·天）以上。

作为沼气池的通用设计，根据目前我国农村沼气池发酵产气水平，其设计产气率采用 0.20～0.5 米^3/（米^3·天）。

（四）容积有机负荷率

容积有机负荷率是指单位沼气池容积在单位时间内所承受的有机物的数量，是衡量沼气池处理能力大小的指标。计算公式如下：

容积有机负荷率＝每天进入沼气池的总固体量/沼气池发酵容积

在保证原料产气率或者有机物去除率能达到一定指标的前提下，容积有机负荷率越高越好。若无特殊要求，设计原则是在保证一定原料产气率的条件下，尽量提高容积产气率。

（五）贮气量

水压式沼气池靠池内带有压力的沼气将发酵料液压到水压间（大部分）、进料间（小部分）而贮存沼气。浮罩式沼气池靠浮罩贮存沼气，通过浮罩的升降提供沼气输配压力。

沼气系统的贮气容积一般由用户用气负荷大小决定，农村沼气系统的设计贮气量一般为 12 小时所产生的沼气量，即昼夜产气量的一半。

（六）池容

沼气池容积指发酵池净空容积。设计过小，不能充分利用原料和满足使用要求；设计过大，如果没有足够的发酵原料，势必浓度降低，从而产气率降低，造成人力物力的浪费。因此，池容应根据用户所拥有的发酵原料（数量和种类）、滞留时间、用气要求等因素合理确定（图 3-1）。

图 3 - 1　确定池容需考虑的因素

（七）投料率

投料率指最大限度地投入的料液所占发酵间容积的百分率。设计最大投料量，一般水压式沼气池为沼气池容积的 90%，料液上部留适当空间，以免导气管堵塞和便于收集沼气；浮罩式沼气池为沼气池容积的 98%。最小设计投料量以不使沼气从进、出料管跑掉为原则。

■ 发酵工艺规划设计

农村沼气工程一般采用常温发酵工艺处理和转化畜禽粪便，每天进入沼气发酵装置的粪便数量决定于畜禽养殖品种和养殖规模。原料在装置内的水力滞留期主要取决于沼气发酵温度、进料总固体百分比浓度、沼气微生物的数量和活性等因素。

常温发酵工艺的温度变化范围为 10~28℃，在此范围内，温度越高，沼气微生物分解有机物越快，沼气产量越高，水力滞留期越短。

常温条件下，农村沼气工程进料总固体百分比浓度一般为 6%~

10%。进料总固体百分比浓度随着发酵温度的变化而变化，发酵温度高，进料总固体百分比浓度取低值；发酵温度低，进料总固体百分比浓度取高值。浓度过高或过低，都不利于沼气发酵。浓度过高，则含水量过少，发酵原料不易分解，并容易积累大量酸性物质，不利于沼气菌的生长繁殖，影响正常产气；浓度过低，则含水量过多，单位容积里的有机物含量相对减少，产气量也会减少，不利于沼气发酵装置的充分利用。

为了比较准确地描述常温条件下，不同地区沼气发酵工艺参数的变化规律，并依据各区域沼气发酵工艺参数计算适宜的发酵容积，根据我国不同地区的年平均温度条件，将南方地区划分为高常温发酵区，将中部地区划分为中常温发酵区，将北方地区划分为低常温发酵区，并根据实验室检测和沼气工程实践结果，确定出不同常温区域的发酵温度、水力滞留期、进料总固体百分比浓度等工艺参数（表 3-1）。

表 3-1 常温沼气发酵工艺参数区划

区域	发酵温度（℃）	水力滞留期（天）	发酵料浓度（%）	产气率 $[米^3/(米^3 \cdot 天)]$
高常温	25±2.5	30	6	0.4
中常温	20±2.5	45	8	0.3
低常温	15±2.5	60	10	0.2

■ 建设规模规划设计

在常温发酵工艺条件下，依据不同温区的水力滞留期和进料总固体百分比浓度，根据畜禽养殖数量和经营该模式的成年人人数来设计沼气发酵装置的容积。

农村沼气工程工艺调控的基本参数为进料浓度、水力滞留期和发酵温度等。沼气发酵启动阶段完成之后，发酵效果主要依靠调节这三个基本参数来进行控制。沼气发酵装置总容积与进入装置的发酵原料数量和水力滞留期成正比，与发酵料液浓度成反比。

（一）户用沼气规模规划设计

对于户用型沼气系统而言，一般畜禽养殖数量不是根据模式需要配置，而是根据家庭经济和管理能力配置，并且采用集中用肥模式，因此水力滞留期一般为90天左右，沼气池装料有效容积为85%左右，进料总固体百分比浓度为6%左右。以此得到户用沼气池容积与人口及畜禽养殖量的关系见表3-2。

表3-2　户用沼气池容积与人口及畜禽养殖量的关系

池容（米³）	成人（个）	用气量（米³）	养猪量（头）	养牛量（头）	养羊量（头）	养鸡量（只）
6	3	1.0	4～5	1	5	67～68
8	4	1.2	6	1	6～7	89～90
10	5	1.5	7～8	1～2	8	111～112
12	6	1.8	9	1～2	9～10	134～135
14	7	2.1	10～11	1～2	11～12	156～157
16	8	2.4	12～13	1～2	12～13	179～180
18	9	2.7	13～14	2	14	201～202
20	10	3.0	15～16	2～3	15～16	223～224

（二）中小型沼气工程规模规划设计

在常温发酵工艺条件下，不同发酵温区、不同畜禽品种的养殖专业户和小型畜禽养殖场养殖规模与适宜的沼气装置容积见表3-3。

表3-3　养殖规模与适宜的沼气装置容积

发酵池容（米³）		30	40	50	60	70	80	90	100
猪（头）	高常温区	82	109	136	163	190	217	244	272
	中常温区	72	97	121	145	169	193	217	242
	低常温区	68	90	113	136	158	181	204	226
奶牛（头）	高常温区	12	16	21	25	29	33	37	41
	中常温区	11	15	18	22	26	29	33	37
	低常温区	10	14	17	21	24	28	31	34

（续）

发酵池容（米³）		30	40	50	60	70	80	90	100
肉牛（头）	高常温区	13	18	22	27	31	36	40	45
	中常温区	12	16	20	24	28	32	36	40
	低常温区	11	15	19	22	26	30	33	37
羊（头）	高常温区	107	143	179	214	250	286	321	357
	中常温区	75	100	125	150	175	200	223	248
	低常温区	70	93	117	140	163	186	210	233
蛋鸡（只）	高常温区	1 200	1 600	2 000	2 400	2 800	3 200	3 600	4 000
	中常温区	1 071	1 429	1 786	2 143	2 500	2 857	3 214	3 571
	低常温区	1 000	1 334	1 667	2 000	2 333	2 667	3 000	3 333
肉鸡（只）	高常温区	2 000	2 667	3 333	4 000	4 667	5 333	6 000	6 667
	中常温区	1 765	2 353	2 941	3 529	4 118	4 706	5 294	5 882
	低常温区	1 667	2 222	2 778	3 333	3 889	4 444	5 000	5 556
肉兔（只）	高常温区	968	1 290	1 613	1 936	2 258	2 580	2 903	3 226
	中常温区	857	1 143	1 429	1 714	2 000	2 286	2 571	2 857
	低常温区	810	1 080	1 350	1 620	1 890	2 160	2 430	2 700

■ 关键技术应用

要获得较高的产气率和发酵原料转化率，除了为沼气发酵微生物创造适宜的生存和繁殖条件外，还需要通过对发酵装置进行优化设计，使其形成厌氧活性污泥循环利用和微生物附着增殖的动态高效连续发酵运行机制。

（一）提高微生物滞留期

沼气发酵装置在具备适宜的运行条件的基础上，决定其功能特性和效率高低的主要因素是在与发酵温度和负荷相适应的一定的水力滞留期下，保持较高的固体滞留期和微生物滞留期。

在一定条件下，沼气发酵装置的效率与微生物滞留期呈正相关。如果微生物滞留期无限延长，则老细胞会不断死亡而被分解掉，微生物的繁殖和死亡处于平衡状态，不会有多余的微生物排出。因此，延长微生物滞留期不仅可以提高沼气发酵装置处理有机物的效率，还可以降低微生物对外加营养物的需求，减少污泥的排放，减轻二次污染物的产生。

要想使沼气发酵装置获得较高的原料消化率和产气率，就必须使水力滞留期与微生物滞留期分离，使沼气发酵装置获得比水力滞留期更长的微生物滞留期。要达到这一目的，其一靠污泥的沉降使微生物滞留，其二靠微生物附着于支持物的表面形成生物膜而滞留，这样就可使微生物滞留期大大延长。

（二）气动搅拌技术

在沼气发酵装置中，厌氧消化反应是依靠微生物的代谢活动进行的，要使微生物代谢活动持续进行，就需要使微生物不断接触新鲜原料。在静态沼气发酵装置中，发酵料液因密度不同，通常会自然沉淀和上浮，而分成浮渣层、清液层、活性层和沉渣层 4 层（图 3-2）。在这种情况下，厌氧微生物活动较为旺盛的场所仅限于活性层内，其他各层或因可被利用的原料缺乏，或因条件不适宜微生物的活动，使厌氧消化进行缓慢。通过搅拌措施，可使微生物与发酵原料充分接触，同时打破分层现象，使活性层扩大到全部发酵区域（图 3-2）。此外，搅拌还有防止沉渣沉淀、保证池温均匀、促进气液分离等功能。

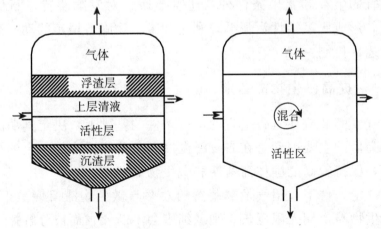

图 3-2　沼气发酵装置的静态与动态状态示意

（三）旋流布料自动循环技术

静态沼气池因存在料液"短路"等技术问题，导致发酵装置内的有机活性固体和微生物滞留期缩短，原料消化率和产气率低下。"旋流布料自动循环沼气池"和"带沼液冲厕装置的旋流布料玻璃钢沼气罐"解决了这一技术问题。该技术依靠沼气的动力，实现了沼气发酵料液的自动循环和自动破壳等动态发酵机制。

1. 旋流布料自动循环沼气发酵装置。在螺旋面池底上，用圆弧形导流板将进、出料隔断，使入池原料在导流板的导流作用下，必须沿导流板旋动才能到达循环管和抽渣管的下部，从而延长入池发酵原料的流动路程和滞留时间，解决了传统水压式沼气池存在的发酵盲区和料液"短路"等技术问题。

沼气发酵装置产气后，沼气产气动力将发酵装置内的发酵料液通过循环管压到水压酸化间内贮存起来；用气时，贮存在水压酸化间内的料液，经单向阀和进料管回流进发酵间，从而完成发酵料液的自动循环过程（图 3 - 3）。

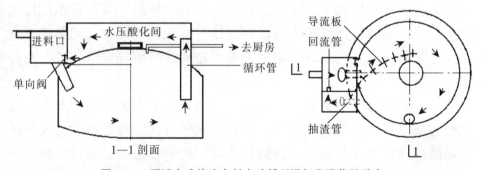

图 3 - 3　顶返水式旋流布料自动循环沼气发酵装置示意

旋流布料自动循环沼气发酵装置主要由进料口、进料管、发酵间、贮气室、活动盖、水压酸化间、旋流布料墙、单向阀、抽渣管、活塞、导气管、出料通道等部分组成。根据料液回流方式的不同，分为顶返水式旋流布料自动循环沼气发酵装置（图 3 - 3）和侧返水式旋流布料强制循环沼气发酵装置（图 3 - 4）。

2. 旋流布料自动循环沼气发酵装置功能。该发酵装置将活性污

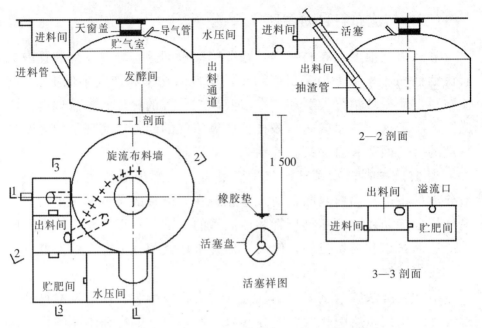

图 3-4 侧返水式旋流布料强制循环沼气发酵装置示意

泥自动回流、自动破壳与清渣、微生物富集增殖、纤维性原料两步发酵、太阳能自动增温、消除发酵盲区和料液"短路"等新技术优化组装配套,利用沼气产气动力和动态连续发酵工艺实现了自动循环、自动搅拌等高效运行状态,解决了静态不连续发酵沼气发酵装置存在的技术问题。

(1) 菌种自动回流技术。利用沼气池产气动力将池内含有大量微生物的悬浮污泥压到水压间和酸化间,用气时流动性能好的含大量微生物的悬浮污泥经单向阀和进料管重新回流进发酵间,从而实现了菌种自动回流和料液自动循环。

(2) 消短除盲技术。在螺旋面池底上用圆弧形旋流布料墙将进、出料隔断,使入池原料必须先沿圆周旋转一圈后,再从出料通道排出,从而增加了料液在池内的流程和滞留时间,解决了标准水压式沼气池存在的微生物贫乏区、发酵盲区和料液"短路"等技术问题。

(3) 微生物富集增殖技术。空隙率较高的旋流布料墙表面形成微生物附着、生长、繁殖的载体，通过沼气微生物的富集增殖，在其表面形成厌氧生物膜，从而固定和保留了高活性的微生物，减少了微生物的流失。

（4）自动破壳技术。圆弧形旋流布料墙顶部和各层面的破壳齿在沼气池产气用气时，使可能形成的结壳自动破除、浸润，充分发酵产气，从而实现了自动破壳。

（5）强制回流与清渣出料技术。池底沉渣通过活塞在抽渣管中上下运动，从发酵间底部抽出，既可直接取走，作为肥料施入农田，又可通过进料管，进入发酵间，达到人工强制回流搅拌和清渣出料的目的，从而实现轻松管理和永续利用的目标。

（6）两步发酵技术。将秸秆等纤维性原料在敞口酸化池里完成水解和酸化两个阶段，酸化液通过单向阀和进料管自动进入发酵间发酵产气，剩余的以木质素为主体的残渣在酸化间内彻底分解后直接取出，从而解决了纤维性原料入池发酵出料困难的技术难题。

（7）太阳能自动增温技术。通过设置在水压间和酸化间上的太阳能吸热和增温装置对发酵料液自动增温，并通过单向阀和进料管，将加热后的料液自动循环进入发酵间，从而提高了发酵原料的温度，促进了产气率的提高。

3. 旋流布料自动循环沼气发酵工艺特点。发酵工艺流程如图3－5所示。其工艺特点如下：①通过螺旋形池底和圆弧形布料墙的合理布局及配合，消除了料液短路、发酵盲区和微生物贫乏区，延长了原料在发酵间中的滞留路程和滞留时间。②通过圆弧形布料墙表面的微生物附着膜技术，固定和富集高活性厌氧微生物，避免了微生物随出料流失的发生。③应用厌氧消化的产气动力和料液自动循环技术，实现了自动搅拌、循环、破壳等动态连续发酵过程，减轻了人工管理的强度。④通过出料搅拌器和料液回流系统，达到人工强制回流搅拌和清渣出料的目的，从而实现轻松管理和永续利用的目标。

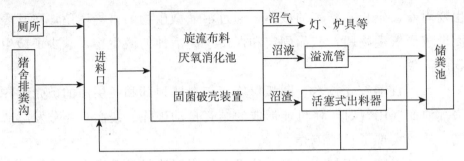

图 3-5 旋流布料自动循环沼气发酵工艺流程

（四）微生物附着成膜技术

生物膜是黏附在固体表面上的一层微生物体，也可以说它是固体表面上一层充满微生物的黏膜。微生物几乎能在任一个浸在流体介质中的固体表面定居，并通过生长繁殖而形成生物膜。旋流布料气液搅拌沼气发酵装置将微生物的这一特性应用于沼气发酵过程，利用空隙率较高的旋流布料墙表面形成微生物生长繁殖的载体，通过沼气微生物的富集增殖，在其表面形成厌氧生物膜，从而保留了高活性的微生物，增加了微生物的滞留期，减少了微生物的流失。

在旋流布料沼气池中，微生物附着固定和生长繁殖的载体由发酵装置内表面和圆弧形导流板表面构成。导流板由两段圆弧组成，其上布有挂膜齿（图 3-6）。

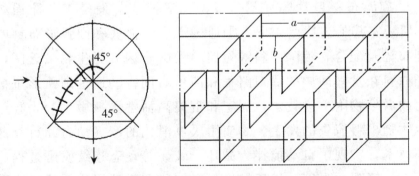

图 3-6 旋流布料沼气池挂膜截面与布局

在沼气发酵装置中采用生物膜技术，首先，实现了微生物（固体）与被处理废水（液体）的有效分离，出水中的微生物量大大降低，保证了出水的质量；污泥流失少，保持了微生物浓度，从而保持了发酵装置的处理效能。其次，生物膜能将生长缓慢但具有重要作用的微生物保存于发酵装置内，提高了微生物滞留期，维持了微生物群体的生态稳定性。再次，生物膜可吸附毒性物质，使之从废水中去除，富集营养物质，提高微生物反应的速度。最后，通过生物膜的屏蔽作用，膜内保持了相对稳定的环境，使微生物免受外界条件（浓度、毒物、温度、湍流）剧变的影响。

（五）纤维物料两步发酵技术

两步发酵工艺又称两阶段厌氧消化或两相厌氧消化工艺，其核心是将沼气发酵的水解酸化阶段和产甲烷阶段加以隔离，分别在两个发酵装置内进行的沼气发酵工艺。其工艺流程如图3-7所示。

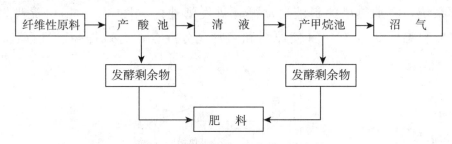

图3-7 纤维物料两步发酵工艺流程

由于水解酸化菌繁殖较快，所以水解酸化装置体积较小，通常靠强烈的产酸作用将发酵液pH降低到5.5以下，这样在该发酵装置内就足以抑制产甲烷菌的活动。产甲烷菌繁殖慢，常成为厌氧消化装置的限速步骤，因而产甲烷消化装置体积较大，因其进料是经酸化和分离后的有机酸溶液，悬浮固体含量很低，所以一般采用厌氧上流式污泥床反应器、厌氧过滤器、部分充填的上流式厌氧污泥床或者厌氧接触式反应器等动态高效厌氧消化装置。

根据两步发酵工艺的原理和特点，在旋流布料沼气发酵装置中，将厌氧消化速度悬殊的秸秆类纤维性原料和畜禽粪污类易消化富氮原料进行粪草分离，秸秆等纤维性原料在敞口水解酸化池里完成水解和酸化，酸化液通过单向阀自动进入发酵间发酵产气，剩余的以木质素为主的水解残渣从酸化池直接取出，作为肥料使用，从而解决了秸秆等纤维性原料入池发酵分解慢、易漂浮、难出料的技术难题，实现动态高效、简便实用的发酵工艺。

（六）太阳能自动增温加热技术

沼气发酵装置一般都采用常温发酵工艺，其发酵池温度随当地地温变化而变化，地温又随气温变化而变化。

当池温在15℃以上时，沼气发酵才能较好地进行，基本可以保证用气。池温在10℃以下时，无论是产酸菌还是产甲烷菌都受到严重抑制，产气率下降，必须考虑沼气池的增温与保温。

在旋流布料沼气发酵装置中，通过在水压间和酸化间上设置太阳能透光板和吸热板，利用太阳能对发酵料液自动加温，并通过料液循环系统，将加热后的料液自动循环进发酵池内（图3-8），可提高发酵原料温度3～5℃，并使原料和菌种充分混合，有效提高产气率。

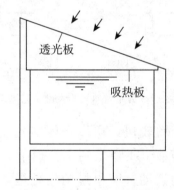

图3-8 太阳能自动增温加热装置

▇ 沼气发酵系统规划设计

（一）户用沼气系统规划设计

1. 户用沼气系统总体布局。户用沼气系统包括沼气池、畜禽舍、厕所、沼气利用和沼肥利用五个部分。其中，沼气"一池三改"设施系统应根据当地自然、经济和社会条件，因地制宜，优化设计、统筹规划和布局。在建设沼气池的同时，同步改建或新建畜禽舍、厕所、厨房。

　　"一池三改"设施系统应建在庭院的背风向阳处（图 3 - 9）。北纬 38°～40°地区坐北朝南，北纬 38°以南地区的向阳面可偏向东南 5°～10°，北纬 40°以北地区的向阳面可偏向西南 5°～10°。沼气池应建在畜禽舍和卫生厕所下，畜禽舍和厕所的人畜粪便及冲洗水应通过进料管自动直接流入沼气池，便于及时进料、冬季保温和清洁卫生（图 3 - 10）。

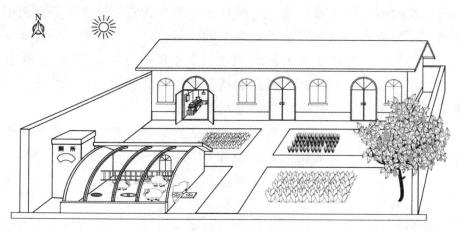

图 3 - 9　"一池三改"设施系统布局

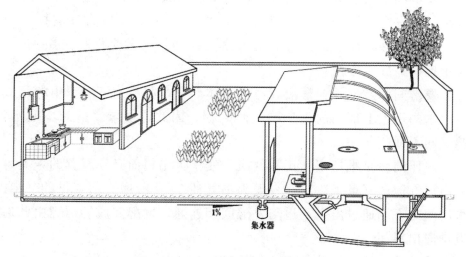

图 3 - 10　"一池三改"设施系统剖面

2. 户用沼气池优化设计。 旋流布料沼气池是新型高效池型，具有结构简单、力学性能好、易于施工等优点。其核心技术是通过旋流布料墙将进、出料隔开，使进入沼气池的原料在旋流布料墙的导流作用下，做圆弧形流动至出料通道底部；在旋流布料墙和圆筒形池墙的共同作用下，使进入沼气池的原料由高向低、由窄向宽流动，流动路线延长，增加了发酵原料在池内的滞留时间，提高了固体滞留期和微生物滞留期；流动到最低处的发酵残渣，通过由抽渣管和出料活塞构成的强制循环装置进行回流搅拌或出料，提高了菌料均匀度，消除了传统沼气池存在的料液短路、发酵盲区、微生物贫乏区和出料难等技术问题。旋流布料墙在完成消短除盲的同时，实现自动破壳和固菌成膜的功能。设置在水压间上的太阳能加热装置利用太阳能对发酵料液自动加温，并通过料液强制循环装置，将加热后的料液强制循环进发酵间内，从而达到自动加热发酵原料的目的。

（1）功能设计。旋流布料沼气池由进料口、进料管、发酵间、贮气室、活动盖、水压酸化间、旋流布料墙、单向阀、抽渣管、活塞、导气管、出料通道等部分组成。根据料液循环方式的不同，分为强制型旋流布料沼气池和自动型旋流布料沼气池。

进料口和进料管：进料口位于畜禽舍地面下，由设在地下的进料管与发酵间连通。进料口将厕所、畜禽舍收集的粪污，通过进料管注入沼气池发酵间。进料管内径一般为 $20\sim30cm$，采取直管斜插入池墙中部或直插入池顶部的方式与发酵间连通，目的是保持进料顺畅，便于搅拌，施工方便。

发酵间和贮气间：是沼气池的主体部分，原料发酵后产生的沼气溢出水面进入上部的削球形贮气间贮存。因此，要求发酵间不漏水，贮气间不漏气。

水压间：是维持沼气正常气压和便于大出料而必须设置的，其容积由沼气池产气量来决定，一般为沼气池 24 小时所产沼气量的一半。水压间的下端通过出料通道与发酵间相连通，发酵完成的沼肥由此通道排向出料间。

活动盖：设置于贮气室顶部，起着封闭活动盖口的作用。

导气管：固定在沼气池拱顶最高处或活动盖上，下端与贮气间相通，上端连接输气管道。

旋流布料墙：在螺旋面池底上用圆弧形旋流布料墙将进、出料隔断，使入池原料必须沿圆周旋转一圈后，才能从出料通道排出，从而增加了料液在池内的流程和滞留时间。

贮肥间和盖板：在水压间旁边设置贮肥间，通过溢流管与水压间连通，起限定最高气压和贮存沼气发酵残余物的作用，以合理解决用气和用肥的矛盾。为了使用安全和环境美观，在进出料间上部、蓄水圈上部设置盖板。

活塞与抽渣管：在沼气池出料区设置抽渣管，池底沉渣通过活塞在抽渣管中上下运动，从发酵间底部抽出，既可直接取走作为肥料施入农田，又可通过进料管进入发酵间，达到人工强制回流搅拌和清渣出料的目的。

酸化池：将秸秆等纤维性原料在敞口酸化池里完成水解和酸化两个阶段，酸化液通过单向阀和进料管自动进入发酵间发酵产气，剩余的以木质素为主体的残渣在酸化间内彻底分解后直接取出，从而解决了纤维性原料入池发酵出料困难的技术难题。

加热板：通过设置在水压间和酸化间上的太阳能吸热和增温装置对发酵料液自动增温，并通过单向阀和进料管，将加热后的料液自动循环进入发酵间，从而提高发酵原料的温度，促进产气率的提高。

（2）结构设计。

发酵间尺寸：旋流布料沼气池采用池盖矢跨比（池盖矢高/主池直径）为1/5、池底矢跨比（池底矢高/主池直径）为1/7、旋流墙半径为主池直径×5/8的优化结构，保证池体危险断面处于受压状态，具有良好的力学性能。据此计算出旋流布料沼气池的几何尺寸（表3-4）。

表3-4　旋流布料沼气池几何尺寸

主池容积（米³）	6	8	10	12	15	20
主池直径（毫米）	2 400	2 700	3 000	3 200	3 400	3 600
池墙高度（毫米）	1 000	1 000	1 000	1 000	1 044	1 321

（续）

池盖矢高（毫米）	480	540	600	640	680	720
池底矢高（毫米）	343	388	429	457	486	514
池盖半径（毫米）	1 740	1 958	2 175	2 320	2 465	2 610
池底半径（毫米）	2 277	2 543	2 838	3 010	3 216	3 409
旋流墙半径（毫米）	1 500	1 688	1 875	2 000	2 125	2 250

水压间尺寸：旋流布料沼气池水压间的容积由贮气量决定，而贮气量由发酵装置的容积产气率决定。贮气量一般为沼气池 24 小时所产沼气量的一半。为使沼气池最大设计压力不超过 9 807 帕，以水压间底为零压面，到溢流管下口的垂直高度设计为 800 毫米。根据不同发酵温区的单级沼气池水压间容积，即可计算其结构几何尺寸（表 3-5）。

表 3-5　旋流布料沼气池水压间几何尺寸

单位：毫米

发酵温区		水压间尺寸					
		沼气池容积（米³）					
		6	8	10	12	15	20
低常温区 ［（15±2.5)℃］	水压间长度	750	1 000	1 136	1 500	1 563	1 786
	水压间宽度	1 000	1 000	1 000	1 000	1 200	1 400
	贮肥间长度	600	800	1 000	1 200	1 500	2 000
中常温区 ［（20±2.5)℃］	水压间长度	1 125	1 500	1 875	2 250	2 344	2 679
	水压间宽度	1 000	1 000	1 000	1 000	1 200	1 400
	贮肥间长度	600	800	1 000	1 200	1 500	2 000
高常温区 ［（25±2.5)℃］	水压间长度	1 500	2 000	2 500	3 000	3 125	3 570
	水压间宽度	1 000	1 000	1 000	1 000	1 200	1 400
	贮肥间长度	600	800	1 000	1 200	1 500	2 000

池体容积：池体净空容积由削球体池盖净空容积、圆柱体池墙净空容积、池墙和池底（近似削球体）净空容积三部分组成。

（二）中小型沼气工程规划设计

1. 设计原则。沼气工程应按照有机废弃物无害化处理与资源化利用工艺进行规划设计。工程周边应有足够的农田消纳厌氧发酵后的沼液和沼渣，以实现环境友好和可持续发展的目标。工程选址应充分论证，应符合就近、就地利用沼气、沼渣及沼液的原则。并与居民生活区、生产或贮存易燃易爆及其他危险物品的场所保持安全距离。

沼气工程应根据原料特性和应用模式，选择投资省、占地少、运行稳定、操作简便的工艺技术，并积极稳妥地选用新工艺、新技术、新设备、新材料。工程应设计在生产区的下风向，设计使用年限应不低于25年。

2. 工艺设计与布局。

(1) 20～50米³沼气工程规划设计。宜采用单体或并联地下立式圆柱形旋动推流式厌氧消化装置，发酵装置建在畜禽舍南边地下，地上建保温室。其工艺与布局见图3-11和图3-12。

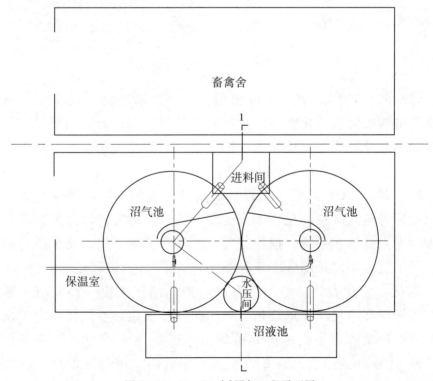

图3-11　20～50米³沼气工程平面图

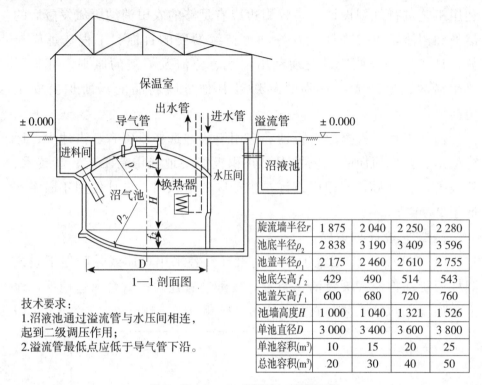

旋流墙半径 r	1 875	2 040	2 250	2 280
池底半径 ρ_2	2 838	3 190	3 409	3 596
池盖半径 ρ_1	2 175	2 460	2 610	2 755
池底矢高 f_2	429	490	514	543
池盖矢高 f_1	600	680	720	760
池墙高度 H	1 000	1 040	1 321	1 526
单池直径 D	3 000	3 400	3 600	3 800
单池容积(m^3)	10	15	20	25
总池容积(m^3)	20	30	40	50

技术要求:
1.沼液池通过溢流管与水压间相连,起到二级调压作用;
2.溢流管最低点应低于导气管下沿。

图 3-12 20~50 米³沼气工程剖面图

（2）60~200 米³沼气工程规划设计。宜采用地上并联立式圆柱形旋动推流式厌氧消化装置,并配套原料预处理、太阳能保温室、太阳能加热系统、回流搅拌装置,以及沼气和沼肥利用、安全消防等设施。其工艺与布局见图 3-13 和图 3-14。

（3）200~500 米³沼气工程规划设计。宜采用单体保温的地上立式圆柱形升流式厌氧消化装置或全混合厌氧消化装置,并配套原料预处理、太阳能加热系统、搅拌装置、沼气和沼肥利用、安全消防等设施。其工艺与布局见图 3-15 和图 3-16。

3. 贮气浮罩设计。中小型畜禽养殖场沼气工程一般采用单节湿式贮气柜贮存沼气,浮罩气柜容积由贮气量决定,贮气量决定于发酵装置的产气量。中小型畜禽养殖场沼气工程用气时间一般集中在白天,从 21：00 到第二天的 6：00 的 9 小时内,用气量很少,贮气柜必须将发酵装置所产的气贮存起来,这样才能保证白天正常用气。由此

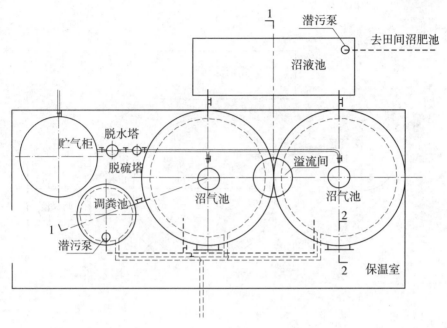

图 3-13　60～200 米³沼气工程平面图

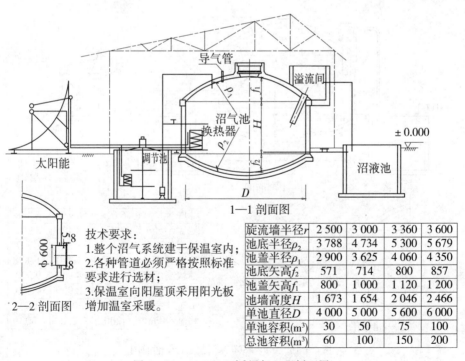

1—1 剖面图

技术要求：
1.整个沼气系统建于保温室内；
2.各种管道必须严格按照标准要求进行选材；
3.保温室向阳屋顶采用阳光板增加温室采暖。

2—2 剖面图

旋流墙半径 r	2 500	3 000	3 360	3 600
池底半径 ρ_2	3 788	4 734	5 300	5 679
池盖半径 ρ_1	2 900	3 625	4 060	4 350
池底矢高 f_2	571	714	800	857
池盖矢高 f_1	800	1 000	1 120	1 200
池墙高度 H	1 673	1 654	2 046	2 466
单池直径 D	4 000	5 000	5 600	6 000
单池容积(m³)	30	50	75	100
总池容积(m³)	60	100	150	200

图 3-14　60～200 米³沼气工程剖面图

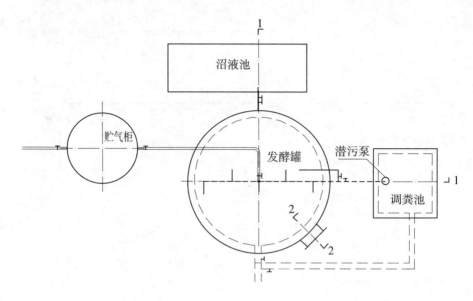

图 3-15 200～500 米³沼气工程平面图

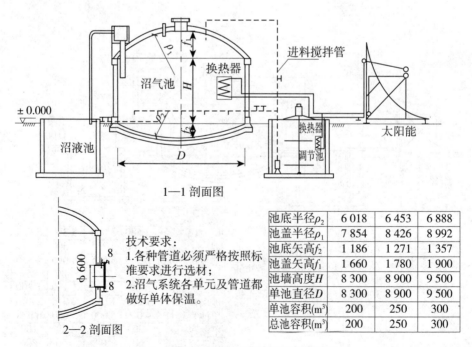

1—1 剖面图

技术要求:
1.各种管道必须严格按照标准要求进行选材;
2.沼气系统各单元及管道都做好单体保温。

2—2 剖面图

池底半径 ρ_2	6 018	6 453	6 888
池盖半径 ρ_1	7 854	8 426	8 992
池底矢高 f_2	1 186	1 271	1 357
池盖矢高 f_1	1 660	1 780	1 900
池墙高度 H	8 300	8 900	9 500
单池直径 D	8 300	8 900	9 500
单池容积(m³)	200	250	300
总池容积(m³)	200	250	300

图 3-16 200～500 米³沼气工程剖面图

推算出气柜容积为日总产气量的 53.6％。再以低、中、高常温区平均容积产气率分别为 0.2、0.3、0.4 米³/（米³·天）计算，与发酵装置相匹配的贮气柜容积见表 3-9。

根据工程实践，作为上部不配重的中小型畜禽养殖场沼气工程圆筒形贮气柜，其高度与直径之比等于 1～1.5 是比较经济的。取其平均值 1.25，即可计算出不同容积的贮气柜的高度和直径（表 3-9）。

对于小容积圆筒形湿式浮罩贮气系统，水封池池壁和气柜壁的间隙一般为 200 毫米，水封池一般比贮气柜高 300 毫米。由此可计算出不同容积的水封池的高度和直径（表 3-6）。

表 3-6　中小型畜禽养殖场沼气工程浮罩容积与尺寸

发酵温区		浮罩和水封池容积及尺寸				
		发酵装置总容积（米³）				
		60	75	90	105	120
低常温区 [(15±2.5)℃]	贮气柜容积（米³）	6.43	8.04	9.65	11.26	12.86
	贮气柜高度（毫米）	1 737	1 871	1 989	2 094	2 188
	贮气柜直径（毫米）	2 171	2 339	2 486	2 617	2 735
	水封池容积（米³）	8.99	10.99	12.97	14.92	16.83
	水封池高度（毫米）	2 037	2 171	2 289	2 394	2 488
	水封池直径（毫米）	2 371	2 539	2 686	2 817	2 935
中常温区 [(20±2.5)℃]	贮气柜容积（米³）	9.65	12.06	14.47	16.88	19.30
	贮气柜高度（毫米）	1 989	2 142	2 276	2 396	2 506
	贮气柜直径（毫米）	2 486	2 678	2 845	2 935	3 132
	水封池容积（米³）	12.97	15.89	18.76	20.81	24.47
	水封池高度（毫米）	2 289	2 442	2 576	2 696	2 806
	水封池直径（毫米）	2 686	2 878	3 045	3 135	3 332
高常温区 [(25±2.5)℃]	贮气柜容积（米³）	12.86	16.08	19.3	22.5	25.73
	贮气柜高度（毫米）	2 188	2 358	2 506	2 637	2 758
	贮气柜直径（毫米）	2 736	2 947	3 132	3 230	3 448
	水封池容积（米³）	16.84	20.67	24.47	27.14	31.96
	水封池高度（毫米）	2 488	2 658	2 806	2 937	3 058
	水封池直径（毫米）	2 936	3 147	3 332	3 430	3 648

2 保温增温系统规划设计

温度是制约沼气发酵装置产气率高低的重要因素。在我国北方，要发展农村沼气，必须对沼气系统进行保温增温优化设计。在规划和建设沼气池时，应结合改圈、改厕、改厨，对庭院设施统一规划，合理布局，形成良性生态庭院系统。

农村沼气池通常通过"三结合""四结合"的方式，利用太阳能保温舍、日光温室和简易温棚为沼气池保温和增温。

■ 保温型太阳能温室规划设计

用太阳能保温舍为农村沼气池保温和增温，应该按照地下建池、池上建圈、圈顶保温、人畜粪尿直接入池发酵的太阳能保温舍、沼气池、厕所"三结合"建设模式，可改变农户庭院"脏、乱、差"的卫生面貌，解决沼气池越冬问题。

（一）墙体结构

太阳能保温舍北墙内侧设 0.8～1.0 米的走廊，北走廊与猪舍之间用 1 米高的铁栅栏或 24 厘米砖墙隔开。北墙为 37 厘米实心砖墙或夹心保温墙，墙高 1.8 米，在其中部 1.2 米高处设 0.3 米×0.6 米的通风窗，东、西、南三面为 24 厘米砖墙，南墙高 1 米，东、西墙上部形状和骨架形状一致（图 3-17）。

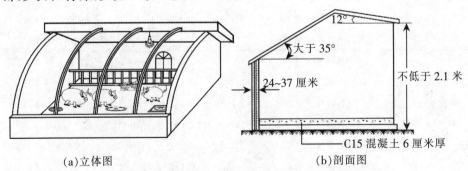

(a)立体图　　　　　(b)剖面图

图 3-17　太阳能保温舍立体图和剖面图

（二）顶面结构

太阳能保温舍舍顶后坡仰角为 10°～12°，后坡投影宽 2.4～2.6 米。太阳能保温舍舍顶部用树干、树枝、秸秆、草泥和瓦做成，其总厚度为 30～40 厘米。顶面结构剖面见图 3-17。

（三）地面结构

太阳能保温舍地面高出自然地面 50～100 毫米，用 150 号混凝土现浇 60 毫米，以 3% 的坡降抹成北高南低的坡度（图 3-17）。

■ 保温型日光温室规划设计

（一）平面布局

对沼气池进行保温的日光温室，一般和蔬菜瓜果设施种植区一体化设计和建设，通过内山墙，将沼气池保温区和设施种植区隔成两个功能区。沼气池布置在温室的东头或西头地面下，地面上设计和建设畜禽养殖圈，人畜粪污自动流入沼气池发酵产气。沼气通过输配系统供设施种植人员或农户家庭生活用能，沼肥通过出料通道自动进入水压间和出料间，或通过抽渣管抽进出料间，用作设施种植的有机肥料。其平面布局、墙体和顶面结构剖面见图 3-18。

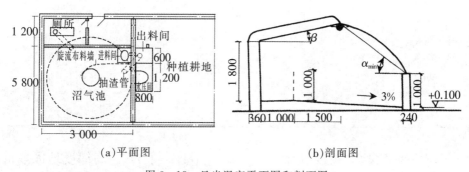

（a）平面图   （b）剖面图

图 3-18　日光温室平面图和剖面图

（二）墙体结构

保温型日光温室后墙、山墙可因地制宜选取下列材料砌筑：

砖砌空心墙体：内墙为240毫米砖砌墙，外墙为120毫米实心或空心砖砌墙，中间为隔热层。

石、土复合墙体：砌筑500毫米厚的毛石墙，墙外培土防寒，使墙体的复合厚度比当地冻土层大300～500毫米，或在墙外垛草，构成石、土异质复合多功能墙体。

后墙高度不小于1.8米，不宜小于1.6米。

（三）顶面结构

保温型日光温室冬至前后的合理采光时段应保持在4小时以上，即10：00至14：00有较好的光照。依据塑膜对太阳直射光的透过特性，太阳光线入射角应控制在40°～45°范围内。

决定保温型日光温室温光性能的关键参数为设计屋面采光角。不同纬度地区设计屋面采光角值见表3－7。低纬度地区以Ⅰ值为宜；高纬度地区取值Ⅱ值，也可在Ⅰ值和Ⅱ值之间选取。

表3－7　合理采光时段设计屋面角数值

单位：(°)

北纬	Ⅰ值	Ⅱ值	北纬	Ⅰ值	Ⅱ值
32	21.3	28.1	39	28.3	35.1
33	22.3	29.1	40	29.3	36.1
34	23.3	30.1	41	30.3	37.1
35	24.3	31.1	41	31.3	38.1
36	25.3	32.1	42	32.3	39.1
37	26.3	33.1	44	33.3	40.1
38	27.3	34.1	45	34.3	41.1

温室型畜禽舍后坡仰角为35°～45°，不宜小于30°。高纬度地区取低值，低纬度地区取高值。后坡水平投影，北纬40°及以北地区取1.4～1.5米；北纬37°～39°地区取1.2～1.3米；北纬36°以南地区取1.2米。

■ 保温型简易温棚规划设计

对于尚未进行"一池三改"的露地沼气池或原有的简易畜禽舍，可在露地沼气池或简易畜禽舍上加盖拱架和塑膜，进行保温增温（图 3-19）。

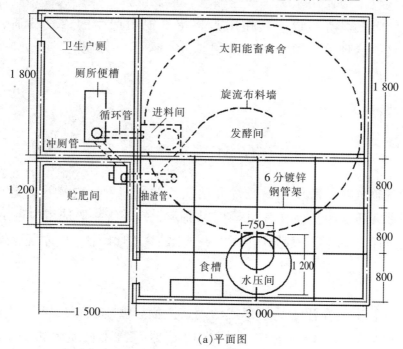

(a)平面图

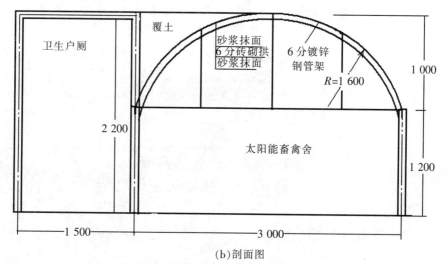

(b)剖面图

图 3-19　简易温棚平面图和剖面图

3 沼气输用系统建安规划

沼气输配与使用系统一般由输气管道及配件、压力表、沼气净化装置、沼气燃具等组成，其作用是将沼气池内产生的沼气畅通、安全、经济、合理地输送到每一个用具处，保证压力充足，火力旺盛，满足不同的使用要求。

■ 输气管道及配件选配

（一）输气管

沼气输气管一般使用聚乙烯和聚氯乙烯硬塑管。输气管的管径大小应根据气压、距离、耗气量等情况而定。室外管一般选用内径 16 毫米的硬塑管，室内管一般选用内径 12 毫米的聚乙烯硬管或铝塑复合管。

（二）导气管

导气管安装在沼气池顶部或活动盖上面，要求其耐腐蚀，具有一定的机械强度，内径一般应不小于 12 毫米。常用材质为镀锌钢管、ABS 工程塑料、聚乙烯硬塑管（PVC）等（图 3-20）。

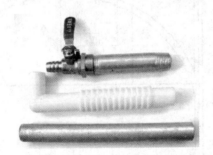

图 3-20　沼气池常用导气管

（三）管道连接件

管道连接件包括三通、四通、异径接头，一般用硬塑制品，内径要求不小于 12 毫米。硬塑管接头采用承插式胶粘连接，其内径与管径相同。变径接头要求与连接部位的管道口径一致，以减小间隙，防止漏气。要求所有管接头管内畅通，无毛刺，具有一定的机械强度。

（四）开关

开关应耐磨、耐腐蚀，气密性好。通道孔径必须足够，应不小于 6 毫米。转动灵活，光洁度好。

■ 压力表选配

常用低压盒式压力表（图 3-21）和 U 形压力表（图 3-22）。

低压盒式压力表用于沼气灶等低压燃气炉具的压力监测和沼气池密封测试等。

U 形压力表不仅能显示沼气池的气压，而且能起到安全水封的作用，避免因沼气池内压力骤增而胀裂池体，也可防止压力过大把液柱冲出玻璃管而跑气。

图 3-21 低压盒式压力表

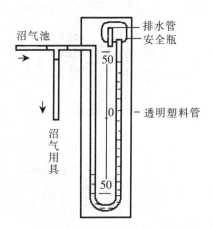

图 3-22 U 形压力表

■ 沼气净化器选配

（一）集水器

集水器是沼气脱水装置，也称气水分离器，用来清除输气管道内的积水。户用沼气输配集水器分手动排水集水器和自动排水集水器两类（图 3-23）。工程沼气输配集水器见图 3-24。

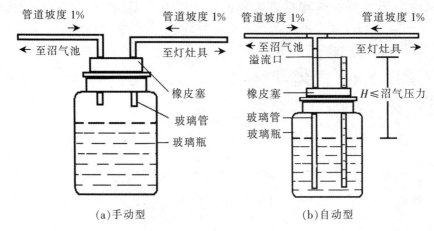

图 3-23　户用沼气输配集水器

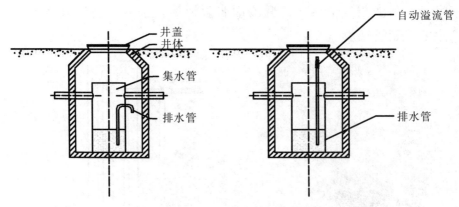

图 3-24　工程沼气输配集水器

　　1. 手动排水集水器。取一个磨口玻璃瓶和一个合适的胶皮塞，在塞上打两个孔，孔内插入两根内径为 6~8 毫米的玻璃弯管，把胶塞塞紧玻璃瓶。两弯管水平端分别与输气管连接，当冷凝水高度接近弯管下口时，揭开瓶塞，将水倒出。

　　2. 自动排水集水器。在一个瓶塞上插两根玻璃管，下端插入水瓶，其中一管上端接上三通，其两水平端接入输气管道，另一根直管上端与大气相通，作为溢流水孔，该溢流水孔应低于三通管，否则在产气量较低时，冷凝水也会堵塞管道。

（二）脱硫器

沼气中的硫化氢气体对沼气灯灶具及其电子点火装置具有很强的腐蚀性，因此，完备的沼气输配系统应采用脱硫器（图 3 - 25）去除硫化氢的危害。

户用沼气池脱硫一般采用干式脱硫和湿式脱硫两种方法。干式脱硫法属氧化铁脱硫法，当含有硫化氢的沼气通过脱硫剂时，沼气中的硫化氢与活性氧化铁接触，生成硫化铁和亚硫化铁，脱除沼气中的硫化氢。湿式脱硫法属于化学吸收脱硫法，当含有硫化氢的沼气通过脱硫液时，沼气中的硫化氢与脱硫液发生化学反应，生成硫化物，从而脱出沼气中的硫化氢。

干式脱硫装置中的脱硫剂硫容量一般为 30％，超过容量的脱硫剂就达到了饱和状态，这时固体脱硫剂需要倒出，使之在空气中自行氧化，最好阴干，待黑色变成橙、黄、褐色即可，然后再装入脱硫瓶中。在安装脱硫器时，一定要保证不漏气。液体脱硫达到饱和后，也要与空气中的氧进行还原反应，然后再装入脱硫瓶中，同时可补充新的脱硫剂。

(a)户用型　　　　　　　　　　(b)工程型

图 3 - 25　沼气脱硫装置

▪ 沼气流量计选配

沼气流量计是计量沼气用户使用沼气数量的专业设备，尤其是我国农村发展中建设的新农村和新乡镇所建立的沼气生产和集中供气工程系统，更是必不可少的计量设备。

沼气流量计是采用传统的差压式靶式沼气流量计原理，保证沼气流量计的耐用性、实用性、使用寿命长等特点，同时使沼气流量计具有测量精度高、稳定性好的优势。它是适用于各种沼气流量计量的仪表，沼气流量计整套系统由流量传感器（靶式传感器）、智能液晶主机、温压补偿原件及仪表阀门组件构成（图3-26）。

图3-26 沼气流量计

▪ 沼气燃具选配

（一）沼气灶

我国目前常用的沼气灶具有不锈钢脉冲及压电点火双眼灶和单眼灶。燃烧器是沼气灶中最重要的部件，一般采用大气式燃烧器（图3-27）。

图3-27 多孔大气式燃烧器

沼气灶的热流量通俗地说，是指灶具燃烧火力的大小。热流量过大，锅来不及吸收，火跑出锅外，热损失大，热效率低，浪费沼气。此时虽可缩短炊事时间，但加热时间的减少并不显著。热流量过小，延长了加热时间，不能满足炊事用热要求。特别是不利于炒菜时使用。因此热负荷过大、过小都不适宜。一般家用沼气灶的热负荷为24 000 千焦/时左右。

沼气灶的热效率是指有效利用热量占沼气放出热量的百分数。热效率的高低与整个沼气燃烧过程、传热过程等因素有关。家用沼气灶热效率最低不得小于55%。

家用沼气灶的主要技术性能参数的国家标准见表3-8。

表3-8　家用沼气灶具的主要技术性能

额定压力（帕）	热流量（千瓦）	热效率（%）
800	2.79	55
1 600	3.26	

（二）沼气灯

沼气灯有吊式（图3-28）和座式（图3-29）两种。

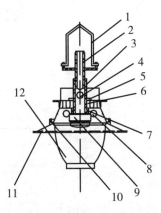

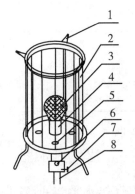

图3-28　吊式沼气灯

图3-29　座式两用沼气灯

1. 吊环　2. 喷嘴　3. 横担　4. 一次空气进风口

5. 引射器　6. 螺母　7. 垫圈　8. 上罩　9. 泥头

10. 烟孔　11. 反光罩　12. 玻璃罩

1. 支架　2. 玻璃罩　3. 纱罩　4. 泥头

5. 二次进风孔　6. 一次进风孔　7. 调节

环　8. 喷嘴

沼气灯一般由喷嘴、引射器、泥头、纱罩、反光罩、玻璃灯罩等主要部件组成（图3－30）。

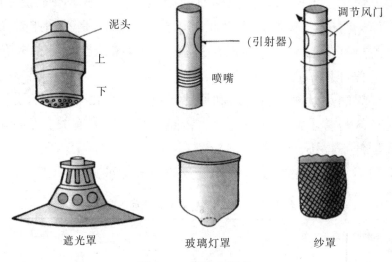

图3－30　沼气灯部件

沼气灯有高压灯和低压灯之分，其技术性能参数的国家标准见表3－9。

表3－9　沼气灯的主要技术性能参数

额定压力 （帕）	热流量 （瓦）	光照度 （勒克斯）	发光效率 （勒克斯/瓦）
800	410	60	0.13
1 600		45	0.10
2 400	525	35	0.08

（三）沼气热水器

沼气热水器当前多采用后制式热水器，即其运行可以用装在冷水进口处的冷水阀，也可以用装在热水口处的热水阀进行控制（图3－31）。

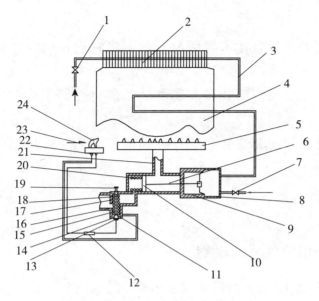

图 3-31 后制式沼气快速热水器

1. 热水阀 2. 热交换器 3. 蛇形管 4. 热交换器壳体 5. 主燃烧器 6. 阀杆 7. 进水阀 8. 鼓膜
9. 水阀体 10. 水-气联动阀 11. 电磁阀 12. 过热保险丝 13. 磁极 14. 衔铁 15、18、20. 弹簧
16、17. 阀盖 19. 旋钮 21. 燃气管 22. 热电偶 23. 点火装置 24. 常明火

参考文献

陕西省地方标准.2010.DB61/T 502—2010 农村中小型畜禽养殖场沼气工程设计规范.西安：陕西省质量技术监督局.

唐艳芬，王宇欣.2013.大中型沼气工程设计与应用.北京：化学工业出版社.

中华人民共和国国家标准.2002.GB/T 4751—2002 户用沼气池设计规范.北京：中国标准出版社.

单元自测

1. 沼气工程设计参数有哪些？它们各自的含义是什么？

2. 如何根据沼气发酵原料数量和拟采用的发酵工艺确定沼气工程规模？

3. 沼气工程的关键技术有哪些？如何将它们正确应用到沼气工

程中去？

4. 沼气工程保温技术有哪些？如何将它们正确应用到沼气工程中去？

5. 沼气输配和使用装备有哪些？如何将它们正确应用到沼气工程中去？

6. 沼气工程配套装备有哪些？如何将它们正确应用到沼气工程中去？

技能训练指导

一、户用沼气系统规划

1. 准备30厘米三角尺1套、A3白纸10张、HB铅笔2根、橡皮2块、沼气池图集1套、5米钢卷尺1把、计算器1个。

2. 根据8米³旋流布料沼气池池型图，完成户用沼气系统规划草图。

3. 根据绘制的户用沼气系统规划草图，在20米²的平地上，对包括沼气池、畜禽舍、户用厕所、贮肥池、进料管、抽渣管等单元进行规划和放线。

4. 规划和放线技术要点：

(1) 沼气池进料口布局在紧靠畜禽舍和厕所排污口，保证粪污自流入池。

(2) 出料口和贮肥间布局畜禽舍外，方便搅拌和出料。

(3) 抽渣管不能布局在畜禽舍和厕所内，角度应方便搅拌和出料。

(4) 畜禽舍和厕所应尽量坐北朝南布局，承重墙不应布局在沼气池上。

二、沼气工程规模设计

存栏1万头育肥猪的养猪场，每天产总固体含量18％的猪粪20吨，发酵浓度6％，装料容积90％，发酵温度35℃，水力滞留期15天，需建设多大规模的全混合厌氧消化器？这种消化器有何特点？

学习
笔记

模块四

沼气主体系统建设

沼气发酵装置建造方法有砖混结构建池、混凝土整体现浇建池、钢筋混凝土现浇建池和工厂化部件装配建造四种工艺。户用沼气池常用砖混结构建池法、混凝土整体现浇建池法和玻璃钢部件装配建造，沼气工程常用工厂化搪瓷板拼装、钢板整体焊接、利浦罐装配、钢筋混凝土现浇建池法和建造。

1 户用沼气系统建设

■ 户用沼气池建设

（一）定位放线

在规划选定的庭院沼气设施建设区域，清理杂物，平整好场地。根据庭院沼气系统设计规划图（图4-1），首先在地面上划出畜禽舍和厕所的外框灰线，再在畜禽舍灰线内确定沼气池中心位置，画进料间平面、发酵池平面、水压间平面三者的外框灰线。在尺寸线外0.8米左右处打下4根定位木桩，分别钉上钉子以便牵线，两线的交点便是圆筒形发酵池的中心点。定位桩须钉牢不动，并采取保护措施。在灰线外适当位置应牢固地打入标高基准桩，在其上确定基准点。在沼气池放线时，要结合用户庭院的整体布局和地面设施情况，确定好沼气池的中心和±0.000标高基准位置。

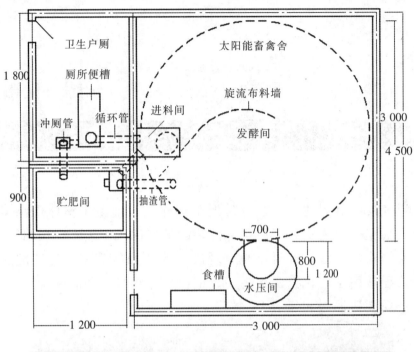

图 4-1　户用沼气系统设施规划放线和建设效果

（二）开挖池坑

根据庭院沼气设施建造现场的地质、水文情况，决定直壁开挖，还是放坡开挖池坑。可以进行直壁开挖的池坑，应尽量利用土壁作胎模。圆筒形沼气池上圈梁以上部位，可按放坡开挖池坑，上圈梁以下部位应按模具成型的要求进行直壁开挖（图 4-2）。

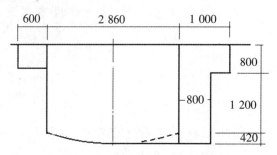

图 4-2　8 米³沼气池池坑开挖剖面图

主池的放样、取土尺寸，按下列公式计算：

$$主池取土直径＝池身净空直径＋池墙厚度×2$$
$$主池取土深度＝蓄水圈高＋拱顶厚度＋拱顶矢高$$
$$＋池墙高度＋池底矢高＋池底厚度$$

不同容积的单级旋动式沼气池结构尺寸见表 4-1。

表 4-1　单级旋动式沼气池结构尺寸

主池容积（米³）	6	8	10	12	15	20
主池直径（毫米）	2 400	2 700	3 000	3 200	3 400	3 600
池墙高度（毫米）	1 000	1 000	1 000	1 000	1 040	1 400
池盖矢高（毫米）	480	540	600	640	680	720
池底矢高（毫米）	340	390	430	460	490	510
池盖半径（毫米）	1 740	1 960	2 180	2 320	2 460	2 600
池底半径（毫米）	2 290	2 530	2 830	3 010	3 190	3 430
旋流墙半径（毫米）	1 440	1 620	1 800	1 920	2 040	2 160
酸化间长度（毫米）	900	1 000	1 100	1 200	1 300	1 500
酸化间宽度（毫米）	800	880	920	960	1 000	·1 100
贮肥间长度（毫米）	600	800	1 000	1 200	1 500	2 000

开挖池坑时，不要搔动原土，池壁要挖得圆整，边挖边修，可利用主池半径尺随时检查，进料管、水压间、出料口、出料器或闸阀式出料装置的闸门口、排料管，应根据设计图纸几何尺寸放样开挖，应特别注意水压间的深度应与主池的零压水位线持平。严禁将池坑挖成上凸下凹的"洼岩洞"，挖出的土应堆放在离池坑远一点的地方，禁止在池坑附近堆放重物。对土质不好的松软土、砂土，应采取加固措施，以防塌方。如遇地下水，则需采取排水措施，并尽量快挖快建。

（三）校正池坑

开挖圆筒形池，取土直径一定要等于放样尺寸，宁小勿大。在开挖池坑的过程中，要用放样尺寸校正池坑，边开挖，边校正。池坑挖好后，在池底中心直立中心杆和活动轮杆（图4-3），校正池体各部弧度，以保证池坑的垂直度、水平度、圆心度和光滑度。同时，按照设计施工图，确定上、下圈梁位置和尺寸，挖出上、下圈梁（图4-4），并校正池底形状。

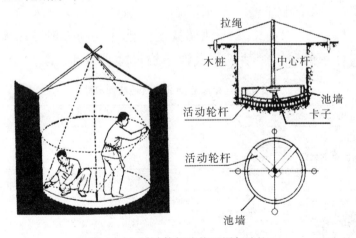

图4-3 活动轮杆法校正沼气池坑

（四）拌制砂浆和混凝土

1. 拌制砂浆。拌制砂浆是建造沼气池的基本技能，分砌筑砂浆

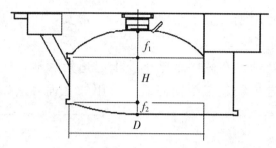

图 4 - 4　上、下圈梁和池底的校正

和抹面砂浆等多种砂浆的拌制。户用沼气池施工，一般采用人工拌制。人工拌制砂浆的要点是"三干三湿"。即水泥和砂按砂浆标号配制后，干拌三次，再加水湿拌三次。砂浆拌制好以后，应及时送到作业地点，做到随拌随用。一般应在 2 小时之内用完，气温低于 10℃时可延长至 3 小时。当气温达到冬季施工条件时，应按冬季施工的有关规定执行。

　　2. 拌制混凝土。 建造户用沼气池的混凝土一般采用人工拌和。首先，在沼气池基坑旁找一块面积 2 米² 左右的平地，平铺上不掺水的拌制板（一般多用钢板，也可用油毛毡）。然后，先将称量好的砂倒在拌制板上，将水泥倒在砂上，用铁锨反复干拌至少三遍，直到颜色均匀；再将石子倒入，干拌一遍；而后渐渐加入定量的水湿拌三遍，拌到全部颜色一致、石子与水泥砂浆没有分离与不均匀的现象为止。

> **！温馨提示**
>
> 　　严禁直接在泥土地上拌和混凝土，混凝土从拌和好至浇筑完毕的延续时间，不宜超过 2 小时。人工配制混凝土时，要尽量多搅拌几次，使水泥、砂、石混合均匀。同时，要控制好混凝土的配合比和水灰比，避免蜂窝、麻面出现，以达到设计的强度。

（五）池体施工

　　1. 砖混结构建池法。 用砖和混凝土两种材料结合建池，池底用混凝土浇筑，池墙用 60 毫米立砖组砌，池盖用 60 毫米单砖漂拱，土壁和砖砌体之间用细石混凝土浇筑，振捣密实，使砖砌体和细石混凝土形成坚固的结构体。

（1）地基处理。在软弱地基土质上建造沼气池，应采取地基加固处理，并在土方工程施工阶段完成。常用的处理方法如下：

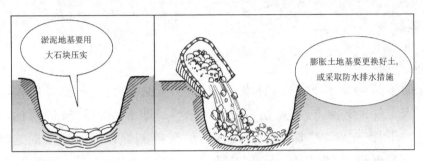

淤泥地基要用大石块压实

膨胀土地基要更换好土，或采取防水排水措施

图 4-5　地基处理方法

用砂垫层和砂石垫层加固：选用质地坚硬的中砂、粗砂、砾砂、卵石或碎石作为垫层材料，在缺少中、粗砂或砾砂的地区，也可采用细砂，但应同时掺入一定数量的卵石、碎石、石渣或煤渣等废料，经试验合格，亦可作为垫层材料；选用的垫层材料中不得含有草根、垃圾等杂质；在铺垫垫层前，应先验坑（包括标高和形状尺寸），将浮土铲除。然后将砂石拌和均匀，进行铺筑捣实（图 4-6）。

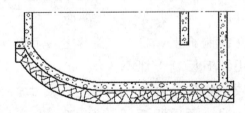

图 4-6　松软和沙土质地基的处理

用灰土加固：灰土中的土料，应尽量采用池坑中挖出的土，不得采用地表耕植层土，土料应予过筛，其粒径不得大于 15 毫米；熟石灰应过筛，其粒径不得大于 5 毫米，熟石灰中不得夹有未熟化的生石灰块，不得含有过多的水分；灰土比宜用 2∶8 或 3∶7（体积比），灰土质量标准见表 4-2；灰土的含水量以用手紧握土料能成团，两指轻捏即碎为宜（此时含水量一般为 23%～25%），含水过多、过少

均难以夯实；灰土应拌和均匀，颜色一致，拌好后要及时铺设夯实；灰土施工应分层进行，如采用人工夯实，每层以虚铺 15 厘米为宜，夯至 10 厘米左右表明夯实。

表 4-2　灰土质量标准

土料种类	灰土最小干容重（克/厘米³）
轻亚黏土	1.55～1.60
亚黏土	1.50～1.55
黏土	1.45～1.50

用灰浆碎砖三合土加固：三合土所用的碎砖，其粒径为 2～6 厘米，不得夹有杂物，砂泥或砂中不得含有草根等有机杂质；灰浆应在施工时制备，将生石灰临时加水化开，按配合比掺入砂泥，均匀搅和即成；施工时，碎砖和灰浆应先充分拌和均匀，再铺入坑底，铺设厚度为 20 厘米左右，夯打至 15 厘米；灰浆碎砖三合土铺设至设计标高后，在最后一遍夯打时，宜浇浓灰浆，待表层灰浆略为晒干后，再铺上薄层砂子或煤屑，进行最后夯实。

膨胀土质处理：膨胀土是指黏粒成分主要由强亲水性矿物组成、具有较大胀缩性能的土质，它吸水膨胀，失水收缩。膨胀土地基沼气池坑开挖中，如果不采取相应的技术措施，会导致沼气池池体开裂漏水，甚至池体结构破坏。膨胀土地区进行沼气池土方工程施工，要掌握以下技术要点：①坚持"快挖快建""连续施工"的原则，以减少胀缩变形的可能和速度。②避免雨天施工，并在开挖前做好排水工作，防止地表水、施工用水等浸入施工场地或冲刷坑壁和边坡。③池坑土方开挖结束后，其坑底基土不得受烈日曝晒或雨水浸泡，必要时可预留一层不挖，待作池底底板垫层和底板结构层时再挖除。④对于设计中在膨胀土地基上采取砂垫层或砂块卵石、碎石层者，应先将上述垫层材料浇水至饱和再铺填于坑底夯实，不得采用向坑底浇水使垫层沉落密实的施工方法。⑤回填土应采用非膨胀性土、弱膨胀土或掺有改性材料（如石灰、砂或其他松散类材料）的膨胀土。

高地下水基础工程处理：地下水位较高地区建池，应尽量选择在枯水季节施工，并采取有效措施进行排水。建池期间，发现有地下水渗出，一般采取"排、降"的方法。池体基本建成后，若有渗漏。可采用"排、引、堵"的方法，或进行综合处理。①盲沟及集水坑排水：当池坑大开挖，池坑壁浸水时，池坑适当放大，在池墙外侧做环形盲沟，将水引向低处，用人工或机械排出。盲沟内填碎石瓦片，防止泥土淤塞，待池墙砌筑完成后，池墙与坑壁间用黏土回填夯实，起防水层作用。遇到池底浸水时，在池底作十字形盲沟，在中心点或池外排水井设集水坑。在盲沟内填碎石，使池底浸水集中排出。然后在池底铺一块塑料薄膜，在集水坑部位剪一个孔供排水。如果薄膜有接缝，则在接缝处各留约 300 毫米宽并黏合好，防止浸水从接缝处冒出，拱坏池底混凝土。铺膜后，立即在薄膜上浇筑池底混凝土，在集水坑内安装 1 个无底玻璃瓶，用以排水。待全池粉刷完毕后，用水泥砂浆封住集水坑内的无底玻璃瓶（图 4-7）。②深井排水：若地下水流量较大。在池坑 2 米以外设 1～3 个深井，使井底比池底低 800～1 000 毫米，由池壁盲沟或池底十字形盲沟将水引至深井，用人工或机械抽出深井集水，使水位降至施工操作面以下。③沉井排水：在高地下水位地区建池，池坑开挖时，由于水位高，土壤浸水饱和，坑壁不断垮坍，如果坑中抽水，由于坑壁内外水的压差造成坑壁外的砂子连续不断地由水带入坑内，此现象称为流沙。产生上述问题后，池子无法继续施工。面对这种情况，可照沉井施工原理，进行挡土排水，防止流沙和土方倒塌，确保施工的顺利进行。简易的沉井方法是用无底无盖的混凝土圆筒放入，随土方开挖，圆筒随之下沉，直至设计位置，最后向筒底抛以卵石，并在沉井法施工的集水井内不断抽水，同时浇灌混凝土池底，并填塞集水井，直至全部完成。

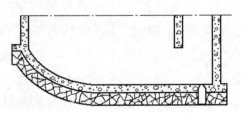

图 4-7　浸水土质地基的处理

（2）现浇池底。对于土质好的黏土和黄土土质，原土夯实后，用C15混凝土直接浇灌池底60～80毫米即可。为避免操作时对池底混凝土的质量带来影响，施工人员应站在架空铺设于池底的木板上进行操作。浇筑沼气池池底时，应从池底中心向周边轴对称地进行浇筑。要用水平仪（尺）测量找平下圈梁，用抹灰板以中心点为圆心，抹出一个半径127厘米的圆环形平台面，作为池墙施工的基础。

图4-8　池底施工

（3）池墙施工。池底混凝土初凝后，确定主池中心；以该中心为圆心，以沼气池的净空半径为半径，画出池墙净空内圆灰线，距土壁100毫米；沿池墙内圆灰线，用1∶3的水泥砂浆、60毫米单砖砌筑池墙；每砌一层砖，浇灌一层C15细石混凝土，砌四层，正好是1米池墙高度（图4-9）；在池墙上端，用混凝土浇筑三角形上圈梁，上圈梁浇灌后要压实，抹光。

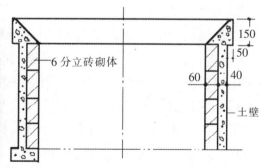

图4-9　池墙施工

土壁和砖砌体之间约 40 毫米的缝隙应分层用细石混凝土浇筑，每层混凝土高度以 250 毫米为宜。浇捣要连续、均匀、对称，振捣密实。手工浇捣时必须用钢钎有次序地反复捣插，直到泛浆，保证混凝土密实，不发生蜂窝麻面。

（4）池顶施工。用砖混结构工艺修建庭园沼气池，一般采用"无模悬砌法"砌筑池顶。砌筑时，应选用规则的优质砖。砖要预先淋湿，但不能湿透。漂拱用的水泥砂浆要用黏性好的 1∶2 细砂浆。砌砖时砂浆应饱满，并用钢管靠扶或吊重物挂扶（图 4－10）等方法固定。每砌完一圈，用片石嵌紧。收口部分改用半砖或 6 分砖头砌筑，以保证圆度。为了保证池盖的几何尺寸，在砌筑时应用曲率半径绳校正。

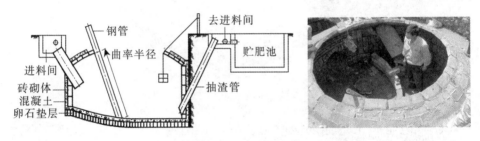

图 4－10　池顶单砖漂拱砌筑法

池盖漂完后，用 1∶3 的水泥砂浆抹填补砖缝，然后用粒径 5～10 毫米的 C20 细石混凝土现浇 30～50 毫米厚，经过充分拍打、提浆、抹平后，再用 1∶3 的水泥砂浆粉平收光，使砖砌体和细石混凝土形成整体结构体，以保证整体强度。

2. 混凝土现浇建池法。

（1）现浇池底。地基处理和池底现浇工艺与砖混结构建池法相同。

（2）组装模板。沼气池采用现浇混凝土作为池体结构材料时，大多采用钢模和玻璃钢模，也可采用木模和砖模施工。钢模和玻璃钢模强度高，刚度好，可以多次重复使用，是最理想的模具。砖模取材容易，不受条件限制，成本也低，目前农村用得比较广泛。不论采用什么模具，都要求表面光洁，接缝严密，不漏浆；模板及支撑均有足够的强度、刚度和稳定性，以保证在浇捣混凝土时不变形，不下沉，拆模方便。

农村家用沼气池钢模板规格通常为 6、8、10 米³三种，分为池墙模、池拱模、进料管模、出料管模、水压间模和活动盖口模等。池墙模、池拱模，6 米³池 15 块，8 米³池 17 块，10 米³池 19 块，组装在一起成为现浇混凝土沼气池的内模，外模一般用原状土壁（图 4-11）。

图 4-11　沼气池钢模板组装

在组装沼气池钢模板时，要按各模板的编号顺序进行组装，并将异型模配对组装在最底部位，以便拆模。一般池底浇筑后 6 小时以上才可以支架沼气池钢模具；支模时，先支墙模，后支顶模，若使用无脱模块的整体钢模，应注意支模时要用木条或竹条设置拆模块；主池、进出料管等钢模要同步进行，支架完成后，即可浇灌；水压间、天窗口模板待施工到相应部位后再支架。

（3）浇筑池墙和池顶。沼气池池底混凝土浇筑好后，一般相隔 24 小时浇筑池墙。浇筑沼气池池墙、池拱，无论采取钢模、玻璃钢模，还是木模，浇筑前必须检查、校正，保证模板尺寸准确、安全、稳固，主池池墙模板与土坑壁的间隙均匀一致。浇筑前，在模板表面涂上石灰水、肥皂水等隔离剂，以便于脱模，减少或避免脱模时敲击模具，保证混凝土在发展强度时不受冲击。用砖模时必须使用油毡、塑料布等作隔离膜，防止砖模吸收混凝土中的水分和水泥浆及振捣时发生漏浆现象，也便于脱模。

池墙一般用 C15 混凝土浇筑，一次浇筑成型，不留施工缝。池墙应分层浇筑，每层混凝土高度不应大于 250 毫米。浇灌时，先在主池模板周围浇捣 6 个混凝土点固定模板，然后沿池墙模板周围分层铲入混凝土，均匀铺满一层后，振捣密实，并且注意不能用铲直接倾倒，应使用砂浆桶倾倒，这样可以保证砂浆中的骨料不会在钢模上滚动而分离，进而保证建池质量。浇筑要连续、均匀、对称，用钢钎有次序地反复捣插，直到泛浆，保证池体混凝土密实，不发生蜂窝麻面。

池拱用C20混凝土一次浇筑成型，厚度为80毫米以上，经过充分拍打、提浆，原浆压实、抹平、收光。浇筑池拱球壳时，应自球壳的周边向壳顶轴对称进行。

进出料管模下部先用混凝土填实，与模具接触的表面用砂浆成型，减少漏水、漏气现象的发生。在混凝土凝固前，要转动进出料管模，防止卡死。尽量采用有脱模块的钢模，这样不需转模，也方便脱模。

在已硬化的混凝土表面继续浇筑混凝土前，应除掉水泥薄膜和表面的松动石子、软弱混凝土层，并加以充分湿润、冲洗干净和清除积水。水平施工缝（如池底与池墙交接处、上圈梁与池盖交接处）继续浇筑前，应先铺上一层20～30毫米厚与混凝土内砂浆成分相同的砂浆。

农村户用沼气池一般采用人工捣实混凝土。捣实方法是，池底和池盖的混凝土可拍打夯实，池墙则宜采用钢钎插入振捣。务必使混凝土拌和物通过振动，排挤出内部的空气和部分游离水，同时使砂浆充满石子间的空隙，混凝土填满模板四周，以达到内部密实、表面平整的目的。

模压式玻璃钢沼气池新技术

玻璃钢是国内公认比较理想的建池新材料，玻璃钢沼气池主要有模压式玻璃钢拱盖沼气池和顶压式全玻璃钢沼气池两种。从2002年开始，成都泓奇实业股份有限公司开始研发生产玻璃钢沼气池，2005 年建成国内第一条机械模压生产线，实现了模压式玻璃钢沼气池的机械化生产，2008 年研制成功顶压式全玻璃钢沼气池，已发展到现在的第五代产品。

　　模压式玻璃钢拱盖沼气池质量效益高，投资成本小，产气效果好，操作简便，施工快，管理便捷。至 2012 年底，四川省已累计推广模压式玻璃钢拱盖沼气池 51.5 万口，大幅提升了全省沼气池的质量和效益。目前模压式玻璃钢拱盖沼气池已全面进入国内市场，已在四川、新疆、西藏、甘肃、陕西、内蒙古、贵州、广西、吉林、海南等 10 多个省份大面积推广。

（六）活动盖和活动盖口施工

　　活动盖和活动盖口用下口直径 400 毫米、上口直径 480 毫米、厚度 120 毫米的铁盆作内模和外模配对浇筑成型（图 4-12）。浇筑时，先用 C20 混凝土将铁盆周围填充密实，然后，在铁盆外表面用细砂浆铺面，转动成型。活动盖直接在铁盆内浇筑成型，厚 100～120 毫米。按照混凝土的强度要求进行养护。脱模后，直接用沼气池密封涂料涂刷 3～5 遍即可。不要用水泥砂浆粉刷，以免破坏配合形状。

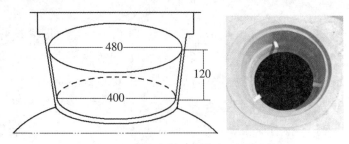

图 4 - 12　活动盖和活动盖口的施工

（七）旋流布料墙施工

旋流布料墙是旋动式沼气池的重要装置，具有引导发酵原料旋转流动，消除原料短路和发酵盲区，实现自动循环、自动破壳和固菌成膜的重要功能。在沼气池做完密封层施工后，沿旋流布料墙的曲线用 60 毫米砖墙筑砌而成。

为保证旋流布料墙的稳定性，底部 400 毫米处用 120 毫米砖砌筑，顶部用 60 毫米砖十字交差砌筑（图 4 - 13），高度砌到距池盖最高点 400 毫米，以增强各个水平面的破壳和流动搅拌作用。

图 4 - 13　旋流布料墙施工

旋流布料墙半径约为 6/5 池体净空半径，要严格按设计图尺寸施工，充分利用池底螺旋曲面的作用，使入池原料既能增加流程，又不致阻塞。

（八）出料搅拌器施工

出料搅拌器由抽渣管和活塞构成，是庭院沼气池的重要组成部分，其作用是通过活塞在抽渣管中上下运动，从发酵间底部抽取发酵料液，分别送入出料间和进料间，达到人工出料和回流搅拌的目的。

抽渣管一般选用内径110毫米、壁厚3毫米、长2 300～2 500毫米的PVC管制作。在用砖砌筑池墙时，以30°～45°的角度斜插于池墙或池顶，安装牢固。抽渣管下部距池底200～300毫米，上部距地面50～100毫米。抽渣管与池体连结处先用砂浆包裹，再用细石混凝土加固，确保此处不漏水、不漏气。活塞由外径100毫米的塑料成型活塞底盘、外径104毫米的橡胶片以及外径10毫米、长1 500毫米的钢筋提杆，通过螺栓连接而成（图4-14）。

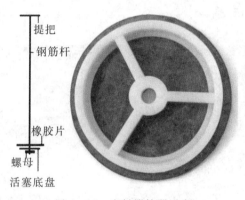

图4-14 出料搅拌器活塞

安装和固定抽渣管时，要综合考虑地上部分的建筑，使抽渣管上口位于畜禽圈外。固定抽渣管时，要考虑人力操作的施力角度和方位，在活塞的最大行程范围内，不能有阻碍情况发生。施工中，要认真做好抽渣管和池体部分的结合与密封，防止漏水发生。

（九）料液自动循环装置施工

单向阀是保证发酵料液自动循环的关键装置，一般可选用外径110毫米商品化单向阀直接与循环管安装而成。也可以用1～2毫米厚的橡胶板制作，通过预埋在进料间墙上的直径8～10毫米螺栓固定。单向阀盖板为双层结构，里层切入预留在进料化间墙上的圆孔内，尺寸与圆孔一致，外层盖在圆孔外，两层之间用胶粘合。

水压间和酸化间隔墙上的极限回流高度距零压面 500 毫米。

（十）预制盖板

为了安全和环境卫生，沼气池必须在进料间、活动盖口、水压间和贮肥间加盖厚度为 5 厘米以上、C20 钢筋混凝土盖板，盖板上要设计便于日常管理的扣手和观察口，观察口上要配套放置带有手把的小圆盖板。

盖板一般采用钢模（图 4-15）或砖模（图 4-16）预制，施工时在底板下面铺一层塑料薄膜。盖板的几何尺寸要符合设计要求。一般圆形、半圆形盖板的支撑长度应不小于 50 毫米；盖板混凝土的最小厚度应不小于 60 毫米。

图 4-15　预制钢筋混凝土盖板的圆形钢模

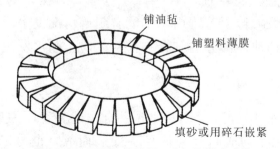

图 4-16　预制钢筋混凝土盖板的圆形砖模

盖板钢筋的制作应符合以下技术要求：

（1）钢筋表面洁净，使用前必须除干净油渍、铁锈。

（2）钢筋平直、无局部弯折，弯曲的钢筋要调直。

（3）钢筋的末端应设弯钩。弯钩应按净空直径不小于钢筋直径的2.5倍，并作180°的圆弧弯曲。

（4）加工受力钢筋长度的允许偏差是±10毫米。

（5）板内钢筋网的全部钢筋相交点，用铁丝扎结。

（6）盖板中钢筋的混凝土保护层不小于10毫米。

盖板的混凝土强度达到70%时，应进行表面处理。活动盖上下底面及周边侧面应按沼气池内密封做法进行粉刷，进料间、活动盖口、水压间和贮肥间盖板表面用1∶2水泥砂浆粉5毫米厚面层，要求表面平整、光洁，有棱、有角。

（十一）密封层施工

为了确保沼气池的气密性要求，一般采用"二灰二浆"，在用素灰和水泥砂浆进行基层密封处理的基础上，再用密封涂料仔细涂刷全池，确保不漏水、不漏气。

为什么要用密封涂料涂刷沼气池？

沼气发酵是厌氧发酵，发酵工艺要求沼气池必须严格密封。水压式沼气池池内压强远大于池外大气压强，密封性能差的沼气池不但会漏气，而且会使水压式沼气池的水压功能丧失殆尽。因此，沼气池密封性能的好坏是关系到人工制取沼气成败的关键。

庭院沼气池一般采用砖混结构或混凝土建材修建，它作为结构材料是非常理想的，有较高的强度，能耐各种内外力的冲击，能承受上下各个方向的压力。但是用它作为气体的密封材料是不理想的：

其一，混凝土属多孔脆性材料，在建池过程中，通过控制水灰的比例，采用高质量的施工方法，多层次的抹灰刷浆，经过薄抹重压、反复磨压等措施来减小、减少孔隙并使孔隙不在一条直线上，隔断孔隙通向池外的道路，可以起到一定的密封作用。即使经多层次的抹灰刷浆，仍然存在着大于甲烷分子直径数倍以上的孔隙，这是产生渗漏的混凝土建材先天性缺陷。

其二，沼气池在运行过程中，有机酸和微生物对池体表面产生腐蚀破坏，会使水泥层逐渐变软脱落，进一步产生漏水、漏气的可能。

因此，为了确保沼气池的气密性要求，在抹灰刷浆进行基层密封处理的基础上，必须再用密封涂料涂刷全池，确保不漏水、不漏气。

1. 基层处理。

（1）混凝土模板拆除后，立即用钢丝刷将表面打毛，并在抹灰前用水冲洗干净。

（2）当遇有混凝土基层表面凹凸不平、蜂窝孔洞等现象时，应根据不同情况分别进行处理。

当凹凸不平处的深度大于 10 毫米时，先用凿子剔成斜坡，并用钢丝刷将表面刷后用水冲洗干净，抹素灰 2 毫米，再抹砂浆找平层（图 4-17），抹后将砂浆表面横向扫成毛面。如深度较大时，待砂浆凝固后（一般间隔 12 小时）再抹素灰 2 毫米，再用砂浆抹至与混凝土平面平齐为止。

当基层表面有蜂窝孔洞时，应先用凿子将松散石除掉，将孔洞四周边缘剔成斜坡，用水冲洗干净，然后用 2 毫米素灰、10 毫米水泥

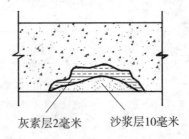

灰素层2毫米　　　沙浆层10毫米

图 4-17　混凝土基层凹凸不平的处理

砂浆交替抹压，直至与基层平齐，并将最后一层砂浆表面横向扫成毛面。待砂浆凝固后，再与混凝土表面一起做好防水层（图 4-18）。当蜂窝麻面不深，且石子黏结较牢固，则需用水冲洗干净，再用 1∶1 水泥砂浆用力压实抹平后，将砂浆表面扫毛即可（图 4-19）。

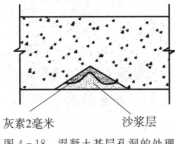

灰素2毫米　　　沙浆层

图 4-18　混凝土基层孔洞的处理

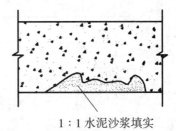

1∶1水泥沙浆填实

图 4-19　混凝土基层蜂窝的处理

（3）砌块基层处理需将表面残留的灰浆等污物清除干净，并用水冲洗。

（4）在基层处理完后，应浇水充分浸润。

2. 四层抹面。庭院沼气池刚性防渗层一般用四层抹面法施工，操作要求见表 4-3。

表 4-3　沼气池四层抹面法施工要求

层　次	水灰比	操作要求	作用
第一层　素灰	0.4～0.5	用稠素水泥浆涂刷全池	结合层
第二层　水泥砂浆，层厚10毫米	0.4～0.5，水泥∶砂=1∶3	1. 在素灰初凝时进行，即当素灰干燥到用手指能按入水泥浆约 1/4～1/2 时进行，要使水泥砂浆薄薄压入素灰约 1/4，以使第一、二层结合牢固 2. 水泥砂浆初凝前，用木抹子将表面抹平、压实	起骨架和保护素灰作用

（续）

层　次	水灰比	操作要求	作用
第三层　水泥砂浆，层厚4~5毫米	0.4~0.45，水泥∶砂=1∶2	操作方法同第二层。水分蒸发过程中，分次用木抹子抹压1~2遍，以增加密实性，最后再压光	起骨架和防水作用
第四层　素灰，层厚2毫米	0.37~0.4	1. 分两次用铁抹子往返用力刮抹，先刮抹1毫米厚素灰作为结合层，使素灰填实基层孔隙，以增加防水层的黏结力，随后再刮抹1毫米厚的素灰，厚度要均匀。每次刮抹素灰后，都应用橡胶皮或塑料布搓磨适时收水 2. 用湿毛刷或排笔蘸水泥浆在素灰层表面依次均匀水平涂刷一遍，以堵塞和填平毛细孔道，增加不透水性，最后刷素灰1~2遍，形成密封层	起防水和密封作用

技术要点：

（1）施工时，务必做到分层交替抹压密实，以使每层的毛细孔道大部分切断，使残留的少量毛细孔无法形成连通的渗水孔网，保证防水层具有较高的抗渗防水功能。

（2）施工时应注意素灰层与砂浆层应在同一天内完成。即防水层的前两层基本上连续操作，后两层连续操作，切勿抹完素灰后放置时间过长或次日再抹水泥砂浆。

（3）素灰层要薄而均匀，不宜过厚；否则造成堆积，反而降低黏结强度且容易起壳。抹面后不宜干撒水泥粉，以免素灰层厚薄不均影响黏结。

（4）用木抹子来回用力揉压水泥砂浆，使其渗入素灰层。如果揉压不透，则影响两层之间的黏结。在揉压和抹平砂浆的过程中，严禁加水，否则砂浆干湿不一，容易开裂。

（5）水泥砂浆初凝前，待收水70%（即用手指按压上去有少许水润出现而不易压成手迹）时，进行收压，收压不宜过早，但也不能迟于初凝。

3. 涂料施工。基础密封层完成后，用密封涂料涂刷池体内表面，使之形成一层连续、均匀的薄膜，从而堵塞和封闭混凝土和砂浆表层的孔隙和细小裂缝，防止漏气发生。其技术要点如下：

（1）涂料选用经过省部级鉴定的密封涂料，材料性能要求具有弹塑性好，无毒性，耐酸碱，与潮湿基层黏结力强，延伸性好，耐久性好，且可涂刷。

图 4 - 20　内密封层粉刷

（2）涂料施工要求和施工注意事项应按产品使用说明书要求进行。使用方法为：将半固体的密封剂整袋放入开水中加热 10～20 分钟，完全溶化后，剪开袋口，倒进一适当的容器中加 5～6 倍水稀释；按溶液∶水泥＝1∶5 的比例将水泥与溶液混合，再加适量水，配成溶剂浆（灰水比为 1∶0.6 左右），按要求进行全池涂刷；第一遍涂刷层初凝后，用相同方法将池底和池墙部分再涂刷 1～2 遍，池顶部分再涂刷 2～3 遍；涂刷时，要水平垂直交替涂刷，不能漏刷。

（3）表面密封层施工时，密封涂料的浓度要调配合适，不能太稀，也不能太稠。太稀，刷了不起作用；太稠，刷不开，容易漏刷。涂刷密封涂料的间隔时间为 1～3 小时，涂刷时用力要轻，按顺序水平、垂直交替涂刷，不能乱刷，以免形成漏刷。

(十二) 养护与回填土

养护是混凝土工艺中的一个重要环节。混凝土浇筑后，逐渐凝固、硬化以至产生强度，这个过程主要由水泥的水化作用来实现。水化作用必须有适宜的温度和湿度。混凝土养护的目的，就是要创造各种条件，使水泥充分水化，加速混凝土硬化。

混凝土养护的方法很多，庭院沼气池常用自然养护法养护。在自然气温高于5℃的条件下，用草袋、麻袋、锯末等覆盖浇筑在单砖漂拱池盖上的细石混凝土，并在上面经常浇水，普通混凝土浇筑完毕后，应在12小时内加以覆盖和浇水，浇水次数以能够保持足够的湿润状态为宜。在一般气候条件下（气温为15℃以上），在浇筑后最初三天，白天每隔2小时浇水一次，夜间至少浇水2次。在以后的养护期中，每昼夜至少浇水4次。在干燥的气候条件下，浇水次数应适当增加，浇水养护时间一般以达到标准强度的60%左右为宜。

平均气温高于5℃条件下，自然养护7～10天

建池完工24小时后，如遇雨应及时向池内加水，加水量应是池内装料的一半容积，以防地下水位上升鼓坏池体

为了达到养护目的，在沼气池密封处理以后，要严密盖住出料口、进料口及活动盖口

图4-21　沼气池养护方法

池体混凝土达到 70% 的设计强度后进行回填土，其湿度以"手捏成团，落地开花"为最佳。回填要对称、均匀、分层夯实，并避免局部冲击荷载。

⚠ 温馨提示

沼气池使用前，必须试水、试压，验收合格签字后，方可使用。

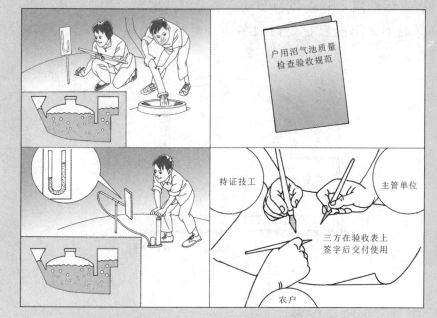

（十三）溢流贮肥池施工

溢流贮肥池是沼气池不可缺少的配套设施，它将长期影响沼气正常的使用效果。因此要求必须修建，位置可根据三结合布局灵活设置，可沿拱顶呈半环形顶置或在出渣口周围任何位置，不能远离出料口；否则，形成的溢流槽倾斜度过小，沉渣流入受阻，造成贮粪池虚设。容积不小于 2.0 米³，并在适合位置留出 5 厘米×5 厘米溢流口，粉刷采用 5 层做法，提粪孔直径不小于 40 厘米。

■ 保温型太阳能温室建设要点

为户用沼气池配套的保温型太阳能温室面积不应小于 10 米^2，地面标高高出自然沼气池 150 毫米，采用 C15 混凝土现浇，坡向（2％的坡降）粪液收集口。地面用水泥砂浆抹面、压光、拉毛，保留一定的粗糙度。畜禽舍踢脚线墙角用水泥砂浆按 20 毫米×20 毫米做成弧形，以利于清扫和不积存粪便污垢。畜禽舍粪液收集口尽可能远离食槽和畜禽活动圈，其直径为 200 毫米，以防堵塞。

保温型太阳能温室要做到冬暖、夏凉、通风、干燥、明亮（图4-22）。

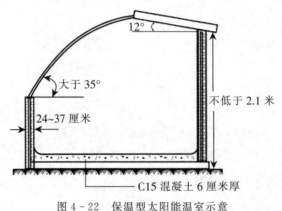

图 4-22 保温型太阳能温室示意

■ 户用卫生厕所建设要点

户用卫生厕所面积应不小于 2 米^2。如果配套太阳能热水器或燃气热水器等其他洗浴设施，面积应根据具体情况相应加大，并用隔墙将如厕区和洗浴区隔开，洗浴水应专管排放，不得进入沼气池。采用燃气热水器提供热水时，燃气热水器不得安装在厕所和浴室内。

厕所便槽与沼气池进料口直接相连，蹲位地面宜高于沼气池地面20 厘米以上。厕所宜安装蹲便器、沼液冲厕装置和沼气灯或电灯（图 4-23）。

厕所墙体用砖砌，水泥砂浆抹面，地面用 C15 混凝土现浇并抹面。有条件的农户，厕所墙面和地面宜贴瓷砖。

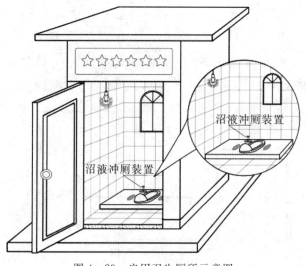

图 4-23　户用卫生厕所示意图

■ 厨房及其沼气输配管路建安要点

　　户用沼气厨房应设置窗户，以便通风和采光。厨房内应设固定灶台，地面硬化，灶台、橱柜和水池要布局合理（图 4-24）。灶台长度宜大于 100 厘米，宽度大于 55 厘米，高度为 60～70 厘米，沼气调控净化器横向偏离灶台 50 厘米，距离地面 150～170 厘米。

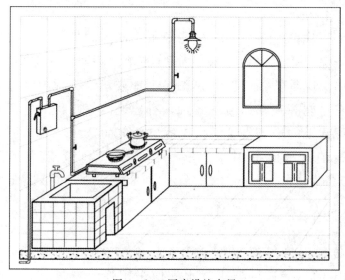

图 4-24　厨房设施布局

按照 GB/T 3606 和 NY/T 344，选择质量合格的沼气灶和沼气灯；按照 GB 7636 和 GB 7637，设计并安装沼气输配管路（图 4 - 25）。沼气输配系统安装要横平竖直，美观大方。灶台上方可选择使用自排油烟抽风道、排油烟机或排烟风扇。

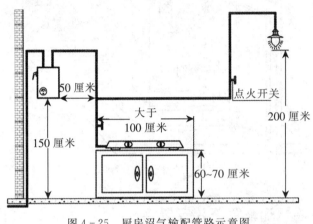

图 4 - 25　厨房沼气输配管路示意图

2 中小型沼气工程建设

基本要求

沼气工程建设应在当地农村能源主管部门的指导下，按照具备农业工程或环保工程乙级以上设计资质的单位设计的施工图纸进行施工。施工单位应具备农业工程、环保工程或建筑工程丙级以上建设资质，并在农村能源主管部门备案，具有建设沼气工程的施工经历。参与沼气工程建设的现场主管应持国家"沼气生产工"技师以上职业资格证书，施工人员应持国家"沼气生产工"高级工以上职业资格证书。

建筑材料要求

普通砖的强度等级采用 MU7.5 或 MU10，其外观应符合 GB 5101 中规定的一等砖的要求。水泥应采用强度等级不低于 42.50 兆

我国沼气工程建设情况

至 2012 年年底，我国拥有沼气工程 91 952 处，总池容 1 433 万米³，年产气量 198 360 万米³，供气户数 152 万户。其中，大型沼气工程 5 246 处，总池容 450 万米³，年产气量 85 950 万米³，供气户数万户；中型沼气工程 9 767 处，总池容 382 万米³，年产气量 38 294 万米³，供气户数 26 万户；小型沼气工程 76 588 处，总池容 508 万米³，年产气量 39 195 万米³，供气户数 60 万户。

帕的普通硅酸盐水泥，其技术指标应符合 GB 175 的规定。严禁使用出厂超过 3 个月和受潮结块的水泥。砌筑砂浆应采用水泥砂浆，其强度等级应不低于 M7.5。混凝土细骨料宜采用中砂或粗砂，其技术指标应符合 JGJ 52 的规定。混凝土粗骨料宜采用粒径 10～20 毫米的碎石或卵石，其技术指标应符合 JGJ 53 的规定。

工程所用钢筋应有出厂合格证或质量报告单，其技术指标应符合 GB 13013 的规定。回流搅拌管道宜采用 ϕ100 毫米耐压 1.60 兆帕以上的 PVC 管，其技术指标应符合 GB 13013 的规定。

太阳能保温室屋顶宜用 75 毫米厚以上的红色夹芯保温彩钢板，其技术指标应符合国家相关标准的规定。采光部分宜用 10 毫米以上的透明阳光板，其技术指标应符合国家相关的规定。

20～50 米³沼气发酵装置施工要点

20～50 米³的沼气工程采用温室保温、单体或并联地下立式圆柱形旋动推流式厌氧消化装置。厌氧消化池、进料间和沼液池的结构层采用砖砼建设，进料间加盖 10 毫米以上的框架阳光板盖板。

在厌氧消化装置池顶与池墙、池底与池墙交接处应设置圈梁，以满足结构强度。进料管宜采用内径 300 毫米的水泥管或陶瓷管，以 30°角斜插并浇筑于池墙中部，管口下沿距池底约 600 毫米。溢流出料管采用内径 200 毫米的水泥管或陶瓷管，以 30°角斜插并浇筑于池墙中部，出料口设置在保暖温室外，实现溢流限压和沼肥出料车出料的功能（图 4 - 26）。

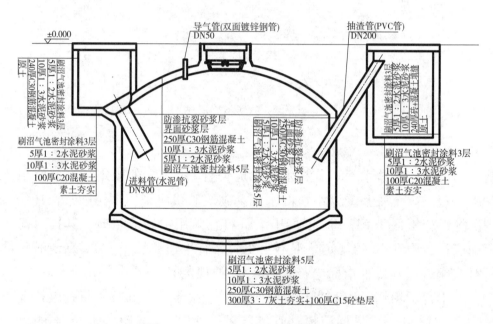

图 4 - 26 20～50 米³沼气发酵装置结构

■ 60～200 米³沼气发酵装置施工要点

60～200 米³的沼气工程采用温室保温、并联地上立式圆柱形旋动推流式厌氧消化装置。厌氧消化池的结构层采用 C30 钢筋砼或砖钢筋砼建设，调节池和沼液池的结构层采用砖砼建设。进料管宜采用 Φ100 毫米、耐压 1.600 兆帕以上的双面镀锌钢管（图 4 - 27）。

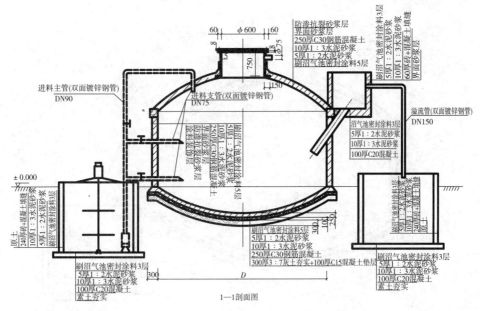

图 4 - 27　60～200 米³沼气发酵装置剖面结构

排泥管采用 Φ150 毫米厚壁双面镀锌钢管，控制阀门为串联式双阀门，内侧阀门为常开。溢流管采用内径 200 毫米、耐压 1.600 兆帕以上的 PVC 管，溢流口设置在保暖温室外，实现溢流限压的功能（图 4 - 28）。

■ 200～500 米³沼气发酵装置施工要点

200～500 米³的沼气工程采用单体保温的地上立式圆柱形升流式厌氧消化装置（USR）或全混合厌氧消化装置（CSTR）。厌氧消化池的结构层采用 C30 钢筋混凝土、钢板整体焊接、工厂化搪瓷板拼装等工业建设，调节池和沼液池的结构层采用砖砼建设。

进料管采用 ϕ100 毫米耐压 1.600 兆帕以上的双面镀锌钢管。排泥管采用 ϕ150 毫米厚壁双面镀锌钢管，控制阀门为串联式双阀门，内侧阀门为常开。溢流管采用内径 200 毫米、耐压 1.600 兆帕以上的 PVC 管，溢流口设置在保暖温室外，实现溢流限压的功能（图 4 - 29 和图 4 - 30）。

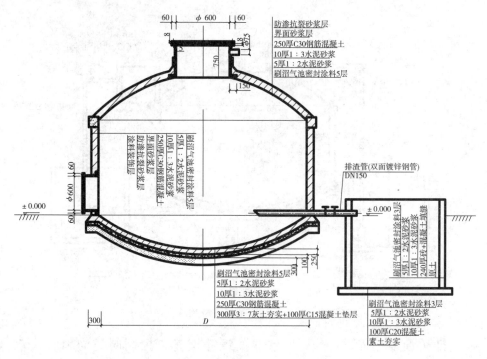

图 4-28　60~200 米³ 沼气发酵装置排泥管阀结构

　　厌氧消化池、调节池和沼液池内密封层应采用"二灰二浆＋5层密封涂料"施工。沼液池盖板宜用 C20 钢筋混凝土现浇 80 毫米厚，和保温室地面平齐，盖板预留 2 个 φ600 毫米的操作口，其上加盖便于操作的内镶把手的小盖板。

　　厌氧消化池内的溢流采用溢流堰和倒 U 形管，采用玻璃钢或 PVC 等防锈材料。

　　厌氧消化池进料和布料装置设置于厌氧消化池底部和中部，距池底的距离应不大于 1 米，喷水孔应朝池底与水平面夹角不大于 40°，以保证料液均匀上升，避免短路（图 4-30）。

　　厌氧消化池热交换装置采用地热管或铝塑管等经济实用、方便安装的管材做换热管，采用太阳能热水器或生产余热等热源进行料液升温，并采用太阳能温室进行系统整体保温。

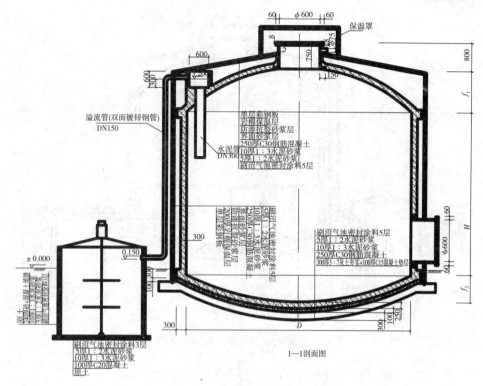

图 4-29 200~500 米³ 沼气发酵装置剖面结构

▪ 钢筋水泥贮气装置施工要点

沼气工程低压湿式贮气系统一般由浮罩（包括罩体、导向轮、活动入孔、配重板、安全排放气管道等）、水封池（包括水封池、进水孔、排水孔、溢流孔、支墩、检修入孔）、导向系统（上导向轮、下导向轮、联系杆）、进出气系统（进气管、出气管、疏水井、排水管）等部件组成。

中小型沼气工程浮罩一般采用中心导向滑轴浮罩系统，水封池采用地下式或半地下式圆柱形，一般为混凝土或砖结构（图 4-31）。为了使圆筒形浮罩均匀上升和下降，在水封池的一定位置设置轴对称导向柱 2~4 根，它们之间应有可靠的横梁固定，以增加其整体刚度。

钢筋网水泥浮罩是适宜于户用和中小型沼气工程采用的贮气方式，它是在坚固的钢筋骨架内外表面固定钢纱网，通过水泥砂浆多层

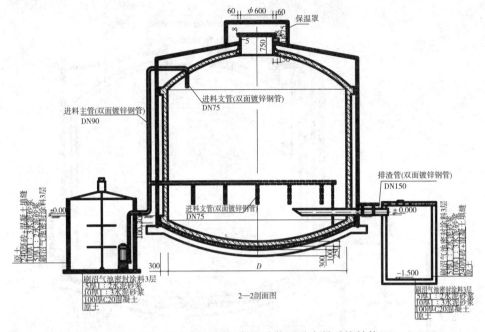

图 4-30 200～500 米³沼气发酵装置进出料系统结构

粉刷，待水泥砂浆终凝后，经过严格内外密封而形成的一种不漏气、能贮存沼气的圆筒形装置（图 4-31）。钢筋网水泥浮罩与钢浮罩、玻璃钢浮罩相比，具有容易制作、造价低、耐腐蚀、无需配重和防锈处理、后续维护简便、使用寿命长等优点。其施工要点如下：

图 4-31 中小型沼气工程钢筋网水泥浮罩

（一）确定浮罩容积

贮气浮罩容积应和沼气发酵装置产气容积配套设计计算，小型贮气浮罩和配套水封池规格见表4-4，装配图见图4-32。

表4-4 小型水泥浮罩及水封池规格

	浮罩容积（米³）	2	3	4	5
浮罩	内径（米）	1.40	1.60	1.80	2.00
	罩高（米）	1.40	1.60	1.70	1.80
	罩顶厚（毫米）	30	30	30	30
	罩壁厚（毫米）	30	30	30	30
	钢筋保护层厚度（毫米）	12	12	12	12
水封池	水封池容积（米³）	3.0	4.3	5.7	7.6
	内径（米）	1.60	1.80	2.00	2.20
	池深（米）	1.50	1.60	1.80	2.00
	罩壁厚（毫米）	50	50	50	50
固定架	导向架高（米）	1.07	1.27	1.37	1.47
	导向架横梁内长（米）	1.80	2.00	2.20	2.40
	中心导向轴（米）	2.62	3.02	3.22	3.42

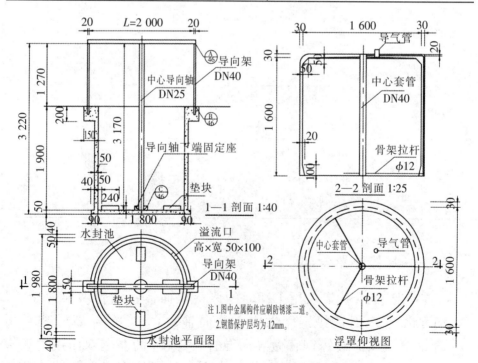

图4-32 3米³沼气贮气浮罩及水封池

（二）准备材料

小型钢筋网水泥浮罩及水封池所用建设材料见表4-5。

表4-5 小型水泥浮罩及水封池材料参考用量

浮罩容积（米³）		1	2	3	4
制作工程	砂浆（米³）	0.144	0.233	0.304	0.368
	水泥（千克）	80.0	129.0	168.0	203.0
	中砂（米³）	0.134	0.217	0.283	0.342
刷浆工程	水泥（千克）	14.0	23.0	30.0	37.0
合计	水泥（千克）	94.0	152.0	198.0	240.0
	中砂（米³）	0.134	0.217	0.283	0.342
水封池容积（米³）		2.0	3.0	4.3	5.7
混凝土工程	体积（米³）	0.323	0.446	0.585	0.689
	水泥（千克）	87.0	125.0	158.0	186.0
	中砂（米³）	0.140	0.196	0.250	0.289
	卵石（米³）	0.280	0.396	0.500	0.586
粉刷工程	水泥（千克）	79.0	115.0	144.0	171.0
	中砂（米³）	0.19	0.27	0.34	0.40
合计	水泥（千克）	166.0	240.0	302.0	357.0
	中砂（米³）	0.330	0.466	0.590	0.689
	卵石（米³）	0.260	0.260	0.500	0.566

（三）焊接浮罩骨架

1~2米³浮罩骨架采用DN25的厚壁双面镀锌钢管做导向套管，DN15的厚壁双面镀锌钢管做中心导向轴；3~4米³浮罩骨架采用DN40的厚壁双面镀锌钢管做导向导管，DN25的厚壁双面镀锌钢管做中心导向轴（图4-33）。套管底端比骨架低5毫米，顶端比骨架顶高 15 毫米。10～30 米³ 浮罩骨架构造和焊接见图 4 - 34。

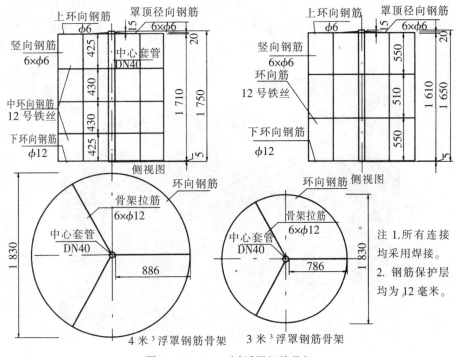

图 4 - 33　3～4 米³ 浮罩钢筋骨架

图 4 - 34　贮气浮罩钢筋骨架焊接

（四）制作浮罩壁

在钢筋骨架内外表面固定钢纱网（图 4 - 35），用 1：2 水泥砂浆沿钢筋骨架内外表面由下向上粉刷，厚 200 毫米左右；第一层水泥砂浆初凝后，以同样的方法再粉刷第二层，总厚度控制在 600～800 毫米。粉刷用的水泥砂浆要干，水灰比 0.4～0.45，施工不能停顿，一次粉刷完。待罩壁初凝后，撒上干水泥灰压实磨光，消除气孔，进行养护。

图 4-35　贮气浮罩钢纱网固定

（五）表面密封

浮罩终凝后，用 1∶1 水泥砂浆对内外表面抹压一次，厚 5 毫米左右，压实抹光，消除气泡砂眼。终凝后，再用沼气池密封涂料涂刷 2～3 遍，使罩壁平整光滑（图 4-36）。

图 4-36　浮罩粉刷和密封施工

（六）水封池试压

将水封池内注满清水，待池体湿透后标记水位线，观察 12 小时，当水位无明显变化时，表明水封池不漏水。

（七）安装浮罩

浮罩养护 28 天后，进行安装，将浮罩移至水封池旁边，并慢慢放入水中，由导气管排气。当浮罩落至离池底 200 毫米左右，关掉导气管，将中心导向轴、导向架安装好，拧紧螺母，最后将空气全部排除。

（八）浮罩试压

先把浮罩安装好后，在导气管处装上气压表，再向浮罩内打气，同时仔细观察浮罩表面，检查是否有漏气。当浮罩上升到最大高度时，停止打气，稳定观察 24 小时，气压表水柱差下降在 3% 以内时，为抗渗性能符合要求。

参考文献

邱凌.1997.庭园沼气高效生产与利用.北京：科学技术文献出版社.

陕西省地方标准.2010.DB61/T 503—2010 农村中小型畜禽养殖场沼气工程建设规范.西安：陕西省质量技术监督局.

中华人民共和国国家标准.2002.GB/T 4752—2002 户用沼气池施工操作.北京：中国标准出版社.

单元自测

1. 户用沼气系统由哪些子系统构成？各子系统建设的关键技术是什么？

2. 户用沼气池施工工序有几步？每个工序的关键技术是什么？

3. 沼气工程施工工序有几步？每个工序的技术要点是什么？

技能训练指导

一、"无模悬砌法"沼气池池顶施工

1. 准备 425 号普通硅酸盐水泥 50 千克，75 号机砖 200 块，中砂 200 千克，水 200 千克，已建好池底、池墙的 8 米³ 户用沼气池现场一处及施工工具。

2. 根据 8 米³ 户用沼气池施工图，用"无模悬砌法"在 8 米³ 户用沼气池池墙上，完成户用沼气池池顶施工。

3. 施工技术要点：

（1）选用规则的优质砖。

（2）砖要预先淋湿，但不能湿透。

（3）用黏性好的 1∶2 水泥细砂浆砌砖。

（4）砌砖时沙浆应饱满，并用钢管靠扶或吊重物挂扶等方法固定。

（5）每砌完一圈，用片石嵌紧。

（6）收口部分改用半砖或六分砖头砌筑，以保证圆度。

（7）为了保证池盖的几何尺寸，在砌筑时应用曲率半径绳校正。

（8）池盖漂完后，用 1∶3 的水泥砂浆抹填补砖缝，然后用粒径 5～10 毫米的 C20 细石混凝土现浇 30～50 毫米厚，经过充分拍打、提浆、抹平后，再用 1∶3 的水泥砂浆粉平收光，使砖砌体和细石混凝土形成整体结构体，以保证整体强度。

二、50 米³ 厌氧消化装置施工

1. 准备建设 50 米³ 沼气发酵池所需要的水泥、机砖、中砂、石子、水等建筑材料。

2. 根据 50 米³ 沼气发酵池施工图，用"砖砼组合法"完成 50 米³ 沼气发酵池施工。

3. 施工技术要点：

（1）根据施工地的地质条件，进行基础垫层处理。

（2）用 C20 混凝土浇灌池底 100 毫米。

（3）池底混凝土初凝后，确定主池中心。

（4）以该中心为圆心，以沼气池的净空半径为半径，画出池墙净空内圆灰线，距池墙土壁 160 毫米。

（5）沿池墙内圆灰线，用 1：3 的水泥砂浆、60 毫米单砖砌筑池墙；每砌一层砖，浇灌一层 C15 细石混凝土。

（6）在池墙上端，用混凝土浇筑三角形上圈梁，上圈梁浇灌后要压实、抹光。

（7）土壁和砖砌体之间约 100 毫米的缝隙分层用细石混凝土浇筑，每层混凝土高度以 250 毫米。

（8）浇捣要连续、均匀、对称，振捣密实，保证混凝土密实，不发生蜂窝麻面。

（9）在厌氧消化装置池顶与池墙、池底与池墙交接处应设置圈梁，以满足结构强度。

（10）进料管宜采用内径 300 毫米的水泥管或陶瓷管，以 30°角斜插并浇筑于池墙中部，管口下沿距池底约 600 毫米。

（11）溢流出料管采用内径 200 毫米的水泥管或陶瓷管，以 30°角斜插并浇筑于池墙中部，出料口设置在保暖温室外，实现溢流限压和液肥车出料的功能。

学习笔记

模块五
沼气输配与使用系统施工

沼气输配与使用设施安装和配置既要美观、大方，又要保证将沼气池内产生的沼气畅通、安全、经济、合理地输送到每一个用具处，以满足不同的使用要求。

1 沼气输配系统布局

◼ 沼气输配与使用设施布局

户用沼气输配管路和使用设施布局如图 5-1 所示，小型沼气工程集中供气输配和使用设施布局如图 5-2 所示。

◼ 室外沼气管道布置

沼气输配管网系统确定后，需要具体布置沼气管线。沼气管线应能安全可靠地供给各类用户以压力正常、数量足够的沼气，在布线时首先应满足使用上的要求，同时要尽量缩短线路，以节省金属和投资。

在布置沼气管线时，应考虑沼气管道的压力状况、街道地下各种管道的性质及其布置情况、街道交通量及路面结构情况、街道地形变化及障碍物情况、土壤性质及冰冻线深度，以及与管道相接的用户情况。布置沼气管线时具体注意事项如下：

（1）沼气干管的位置应靠近大型用户，为保证沼气供应的可行

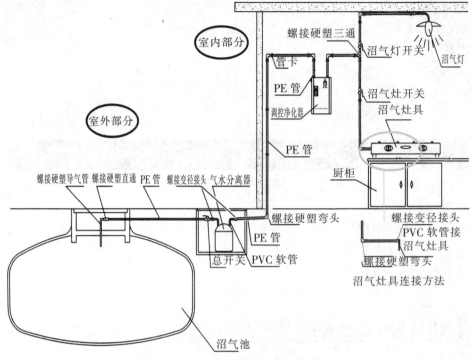

图 5-1　户用沼气输配和使用设施布局

性，主要干线应逐步连成环状。

（2）沼气管道一般情况下为地下直埋敷设，在不影响交通情况下也可架空敷设。

（3）沼气埋地管道敷设时，应尽量避开主要交通干道，避免与铁路、河流交叉。如必须穿越河流时，可附设在已建道路桥梁上或附设在管桥上。

（4）管线应少占良田好地，尽量靠近公路敷设，并避开未来的建筑物。

（5）当沼气管道不得不穿越铁路或主要公路干道时，应敷设在地沟内。

（6）当沼气管道必须与污水管、上水管交叉时，沼气管应置于套管内。

（7）沼气管道不得敷设在建筑物下面，不准敷设在高压电线走廊、动力和照明电缆沟道及易燃、易爆材料和腐蚀性液体堆放

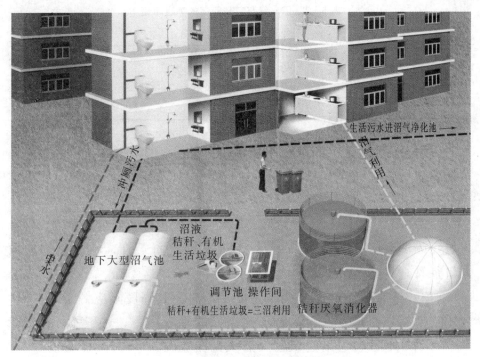

图 5-2　小型沼气集中供气输配设施布局

场所。

（8）地下沼气管道的地基宜为原土层，凡可能引起管道不均匀沉降的地段，对其地基应进行处理。

（9）沼气埋地管道与建筑物、构筑物基础，或相邻管道之间的最小水平净距见表 5-1。

（10）沼气埋地管与其他地下构筑物相交时，其垂直净距离见表 5-2。

表 5-1　沼气管与其他管道的水平净距

单位：米

建筑物 基础	热力管 给水管 排水管	电力 电缆	通信电缆		铁路 钢轨	电杆基础		通信 照明 电缆	树林 中心
			直埋	在导管内		≤35 千伏	≥35 千伏		
0.7	1.0	1.0	1.0	1.0	5.0	1.0	5.0	1.0	1.2

表 5 - 2　沼气管与其他管道的垂直净距

单位：米

| 给水、排水管 | 热力沟底或顶 | 电缆 | | 铁路轨底 |
		直埋	在导管内	
0.15	0.15	1.0	1.0	1.2

（11）沼气管道应埋设在土壤冰冻线以下，其管顶覆土厚度应遵守下列规定：埋在车行道下不得小于 0.8 米；埋在非车行道下不得小于 0.6 米。

（12）沼气管道坡度不小于 0.3％。在管道的最低处设置凝水器。一般每隔 200～250 米设置一个。沼气支管坡向干管，小口径管坡向大口径管。

（13）架空敷设的钢管穿越主要干道时，其高度不应低于 4.6 米。当用支架架空时，管底至人行道路路面的垂直净距，一般不小于 2.2 米。有条件地区也可沿建筑物外墙或支柱敷设。

（14）地下钢管应根据土壤腐蚀的性质采取相应的防腐措施。

■ 用户沼气管道布置

用户沼气管包括引入管和室内管。引入管是指从室外管网引入用户而敷设的管道。用户引入管与沼气工程输气管的连接方法和使用的管材不同。当沼气工程输气管及引入管为钢管时，一般应为焊接或丝接；当沼气工程输气管道为塑料管，引入管为镀锌管时应采用钢塑接头。

用户引入管一般规定如下：

（1）用户引入管不得敷设在卧室、卫生间、有易燃易爆品的仓库、配电间、变电室、烟道、垃圾道和水池等地方。

（2）引入管的最小公称直径应不小于 20 毫米。

（3）北方地区阀门一般设置在厨房或楼梯间，对重要用户尚应在室外另设置阀门。阀门应选用气密性较好的旋塞。

（4）用户引入管穿过建筑物基础或暖气沟时，应设置在套管内，套管内的管段不应有接头，套管与引入管之间用沥青油麻堵塞，并用热沥青封口。一般情况下，套管公称直径应比引入管的公称直径大二号。

（5）室外地上引入管顶端应设置丝堵，地下引入管在室内，地面上应设置清扫口，便于通堵。

（6）输送湿燃气引入管的埋深应在当地冰冻线以下，当保证不了这一埋深时，应采取保温措施。

（7）在采暖区，输送湿燃气或杂质较多的燃气，对室外地上引入管部分，为防止冬季冻堵，应砌筑保温台，内部做保温处理。

（8）引入管应有不小于0.3%的坡度，并应坡向庭院管道。

（9）当引入管的管材为镀锌钢管或无缝钢管埋设时，必须采取防腐措施。

（10）用户引入管无论使用何种管材、管件，使用前均应认真检查质量，并应彻底清除管内填塞物。

引入管接入室内后，立管从楼下直通上面各层，每层分出水平支管，经沼气计量表再接至沼气灶，从沼气流量计向两侧的水平支管，均应有不小于0.2%的坡度坡向立管。

公称直径大于25毫米的横向支管不能贴墙敷设时，应设置在特制角铁支架上，支架间距参照表5-3中的规定。

表5-3　不同管径采用的支架间距

管径（毫米）		15	20	25	32	40	50	75	100
间距（米）	横向	2.5	2.5	3.0	3.5	4.0	4.5	5.5	6.5
	竖向	按横向间距适当放大							

2 沼气管网施工

沼气工程输配管道一般使用聚氯乙烯（PE）硬塑管、聚乙烯（PVC）硬塑管或铝塑复合管，要求气密性好，耐老化，耐腐蚀，光滑，价格低。

■ 硬塑管的连接

（一）聚氯乙烯管的连接

由于聚氯乙烯焊接所能达到的焊缝强度只有母材的 60% 左右，故一般用胶黏剂连接。用胶黏剂连接操作简单容易，不需专用设备，接口强度高于母材，只要承口和插口的公差配合得当、接口气密性容易保证即可。

无论是聚氯乙烯同种或异种材料的黏接，都是通过大分子在接触面间相互扩散，分子相互纠缠而形成黏接层。为了使高分子能互相扩散，胶黏剂所用的溶剂与塑料的互溶性对黏接有密切的关系。使用过氯乙烯胶黏剂也很有效，其主要溶剂为三氯乙烷、二氯甲烷等。它与聚氯乙烯有很好的互溶性。

聚氯乙烯管路黏合之前，应先将其表面打毛，以使其增大黏接面积，并对胶黏剂产生铆固作用，从而增加了塑料黏接表面的黏接力。打毛后用丙酮擦除油污，胶接后的接头最好存放一段时间，使胶黏剂中的溶剂渗入塑料内。为得到最高黏合强度，还要注意上胶时胶黏剂是否全部润湿被粘物的两个表面，黏合面中不应有空气泡，以免形成应力集中并降低接头强度。此外，被黏接处在黏接后适当加压也能提高黏接强度。

（二）聚丙烯管的连接

聚丙烯受热易老化，熔点范围窄，冷却时结晶收缩较大，易产生内应力，结晶熔化时，熔体黏度很小。因此焊接条件比聚氯乙烯更苛刻得多。目前采用较多的是手工热风对接焊，一般热风温度控制在 $240 \sim 280℃$。

聚丙烯的黏接目前最有效的方法是将塑料表面进行处理，改变表面极性，然后用聚氨酯或环氧胶黏剂进行黏合。另一种办法就是采用与聚丙烯接近的材料作热熔胶，在加热情况下使其溶化。粘接聚丙烯的常用热胶有 EVA（乙烯-醋酸乙烯共聚物）和 EEA（乙烯-丙烯酸乙酯共聚物）两种体系。每一种体系中又有很多牌号，性能也不一样，应根据需要来选用。

（三）聚乙烯管的连接

聚乙烯管采用热熔连接，不同树脂的聚乙烯管有其一定的热熔温度。常用的热熔连接有以下三种：

1. 热熔对接。两根对接管的端面在加工前应检查是否与管轴线垂直，对接时将其两端面与热板接触至熔化温度，然后将两个熔化口压紧，在预定的时间内用机械施加一定压力，并使接口冷却。现有成套专用设备进行热熔对接，施工方便，质量稳定。

2. 承插热熔连接。将插口外表面和承口内表面同时加热至材料的熔化温度，与熔口形成明显 1 毫米熔融圈时，将熔化管端插入承口，固定直至接口冷却。管径大于 50 毫米的接头连接，使用机械加压，以保证接口质量。

3. 侧壁热熔连接。将管道外表面和马鞍形管件的对应表面同时加热至熔化温度，将两熔口接触连接，在预定时间内加压冷却，然后通过马鞍形管件内的钻头在连接管材处打孔，形成分支连接。

■ 管线的施工测量

当施工前的准备工作基本就绪，具备开工条件情况下，测量人员可以进入施工现场进行测量放线工作。管道工根据沼气管道设计平面图、纵断图，了解管线的趋向、坡度、地下设备安装位置、管线高程、坐标等有关测量方面的知识，测量人员与管工密切配合，是地下燃气管道施工顺利进行的因素之一。

（一）高程测量

高程测量的基本任务就是测定高差和高程。高程测量的方法，根据使用的仪器不同，分为水准测量、三角高程测量和气压高程测量三种，其中水准测量是工程中最常用的高程测量方法。水准测量主要是利用水准仪提供的水平视线直接测定地面上各点之间的高差，然后根据其中一点的已知高程推算其他各点高程的方法。

（二）直线测量

直线测量就是将地下燃气管道设计平面图直线部分确定在地面上并丈量点间的距离。应在起点、终点、平面折点、纵向折点及直线段的控制点打置中心桩，桩的间距以 25～50 米为宜，中心桩位置误差要求在 10 毫米左右。在桩顶钉中心钉。可使用经纬仪准确地定线。

（三）管线施工测量

1. 施工准备。包括熟悉图纸、设置临时水准点，即把水准高程引至管线附近预先选择好的位置，而且水准点设置要牢固，标志要醒目，编号要清楚，三方向要通视。对施工有影响的地下交叉构建物的实际位置或高程（埋深），特别是地下高压电缆、重要通信电缆、高压水管等不明确时，应挖探坑以测准它们的位置、高程与燃气管道设计位置之间的关系。

2. 放线。测量人员根据施工组织设计的要求，管线沟槽上口中心位置，在地面上撒灰线以标明开挖边线。当沟槽开挖到一定深度以后，必须把管线中心线位置移到横跨沟槽的坡度板上，并用小钉标定其位置。同时用水准仪测出中心线上各坡度板顶的高程，以及时了解沟槽的开挖深度。

3. 测挖深。当沟槽挖到约距设计标高 500 毫米时，要在槽帮上钉出坡度桩。第一个坡度桩应与水准点串测，其他可根据图纸的管线坡度和距离钉出越度钉，钉到一定距离后再与水准点串测、核对高程数值。管沟内的坡度桩钉好后，拉上小线按下反数（从板顶往下开挖到管底的深度）检查与其他交叉管线在高程上是否发生矛盾。如遇矛盾请设计者及施工技术员洽商决定，重新钉坡度桩。

4. 验槽。开挖沟槽至管底设计高程，清槽结束，测量人员需复测一下坡度桩，每米有一测点。槽底基础在符合设计及有关规范要求情况下，方可下管进行管道安装。

5. 竣工测量。管道结束后在回填土之前，要及时对全线各部位的管线高程和平面位置进行竣工测量。这道工序非常重要，根据竣工测量的数据绘制永久保存的竣工图，为今后其他管线设计施工、燃气管线的运行管理维修、管线上增加用户的设计施工等提出准确资料。

（1）测量内容。高程测量是测管顶的绝对高程，平面测量是测管线的中心线位置。主要控制点是管线起止点、折点、坡度变化点、高点、排水器（抽水缸）和闸门等。在较长的直线管段上每隔30～50米有一高程控制点，每隔150～250米有一个平面控制点。

（2）平面控制测量。在小区内因永久建筑较多，可以用永久建筑物与管道的相对位置来标明管道位置，这称为栓点。只用皮尺即可在地面上量得管道转角点与永久建筑物间的水平直线距离，每个点至少应有两个与永久建筑的距离。

（3）高程测量。管线的竣工高程在回填土前要及时施测，竣工高程数是管顶实测高程。

6. 绘制竣工图。竣工图一般绘出管线平面图即可。图面上应有管线埋设位置，控制点的坐标、高程及其间距，栓点数值、管径及壁厚，材质、坡向、管线与地面上建筑物的平行距离，指北针、高点和抽水缸的位置等。图标上应注明施工单位、开竣工时间及工程名称等。

▪ 管道沟槽的开挖与回填

（一）管道沟槽的开挖

在开挖沟槽前首先应认真学习施工图纸，了解开挖地段的土壤性质及地下水情况，结合管径大小、埋管深度、施工季节、地下构筑物情况、施工现场大小及沟槽附近地上建筑物位置来选择施工方法，合理确定沟槽开挖断面。

沟槽开挖断面是由槽底宽度、槽深、槽层、各层槽帮坡度及槽层间留平台宽度等因素来决定的。正确地选择沟槽的开挖断面，可以减少土方量，便于施工，保证安全。

沟槽断面的形式有直槽、梯形槽和混合槽等，如图 5-3 所示。

(a)直槽　　　　　　(b)梯形槽　　　　　　(c)混合槽

图 5-3　铺设沼气输配管道各种沟横断面

当土壤为黏性土时，由于它的抗剪强度以及颗粒之间的黏结力都比较大，因而可开挖成直槽。直槽槽帮坡度一般取高∶底为 20∶1。如果是梯形槽，槽帮坡度可以选得较陡。

砂性土壤由于颗粒之间的黏结能力较小，在不加支撑的情况下，只能采用梯形槽，槽帮坡度应较缓和。梯形槽的边坡见表 5-4。

表 5-4　梯形槽的边坡

土壤类别	槽帮坡度	
	槽深<3 米	槽深 3～5 米
砂土	1∶0.75	1∶1.00
亚砂土	1∶0.50	1∶0.67
亚黏土	1∶0.33	1∶0.50
黏土	1∶0.25	1∶0.33
干黄土	1∶0.20	1∶0.25

当沟槽深而土壤条件许可时，可以挖混合槽。沟槽槽底宽度的大小决定于管径、管材、施工方法等。根据施工经验，不同直径的金属管（在槽上做管道绝缘）所需槽底宽度见表 5-5。

表 5-5　槽底宽度

管径（毫米）	50～75	100～200	250～350
槽底宽（米）	0.7	0.8	0.9

梯形槽上口宽度的确定参考图 5-4，按以下公式计算：

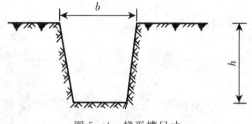

图 5-4　梯形槽尺寸

单管敷设：

沟槽上口宽度＝沟槽底宽度＋2×沟槽边坡率×沟槽深

双管敷设：

沟槽底宽度＝第一条管外径＋第二条管外径

＋两条管之间设计净距＋0.6

在天然湿度的土中开挖沟槽，如地下水位低于槽底，可开直槽，不支撑，但槽深不得超过砂土和砂砾石 1.0 米，亚砂土和亚黏土 1.25 米，黏土 1.5 米。

较深的沟槽宜分层开挖。每层槽的深度，人工挖槽一般 2 米左右。一层槽和多层槽的头槽，在条件许可时，一般采用梯形槽；人工开挖多层槽的中槽和下槽，一般采用直槽支撑。人工开挖多层槽的中槽和下槽，一般采用直槽支撑。

人工开挖多层槽的层间留台宽度，梯形槽与直槽之间一般不小于 0.8 米；直槽与直槽之间宜留 0.3～0.5 米；安装井点时，槽台宽度不应小于 1 米。

人工清挖槽底时，应认真控制槽底高程和宽度，并注意不使槽底土壤结构遭受扰动或破坏。

靠房屋、墙壁堆土高度不得超过檐高的 1/3，同时不得超过 1.5 米。结构强度较差的墙体，不得靠墙堆土。堆土不得掩埋消火栓、雨水口、测量标志、各种地下管道的井室及施工料具等。

挖槽见底后应随即进行下一工序，否则，槽底以上宜暂留 20 厘米不挖，作为保护层。

冬季挖槽不论是否见底或对暴露出来的自来水管，均需采取防冻措施。

（二）管道沟槽土方回填

回填土施工包括还土、摊平、夯实、检查等工序。还土方法分人工、机械两种。

沟槽还土必须确保构筑物的安全，使管道接口和防腐绝缘层不受破坏，构筑物不发生位移等。沟槽还土各部位如图5-5所示。

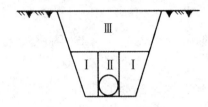

图5-5　沟槽还土的部位

Ⅰ.胸腔部分　Ⅱ.管顶以上50厘米范围　Ⅲ.管顶以上50厘米至地面部分

沟槽应分层回填，分层压实，分段分层测定密实度：胸腔还土部分95%；管顶以上50厘米范围内85%；管顶以上50厘米至地面部分，按下列各值：填土上方计划修路或在城镇厂区95%，农田90%，竣工后即修路者，按道路标准要求。

管道两侧及管顶以上0.5米内的土方，在铺管后立即回填，留出接口部分。回填土内不得有碎石砖块，管道两侧应同时回填，以防管道中心线偏移。对有防腐绝缘层的管道，应用细土回填。管道强度试压合格后及时回填其余部分土方，若沟槽内积水，应排干后回填。管顶以上50厘米范围内的夯实，宜用木夯。

机械夯实时，分层厚度不大于0.3米；人工夯实分层厚度不大于0.2米，管顶以上填土夯实高度达1.5米以上，方可使用碾压机械。

穿过耕地的沟槽，管顶以上部分的回填土可不夯实，覆土高度应较原地面高出400毫米。

■ 室内沼气管的安装

按以步骤和操作安装室内沼气管：

（1）施工安装前，对所有管道及附件进行质量和气密性检验。

（2）室内管道沿墙敷设，布局要科学合理，安装要横平竖直，美观大方，尽量缩短输气距离，以保证设计的灶前压力。所有管道的接头要连接牢固和严密，防止松动和漏气。用固定扣将管道固定在墙壁上，与电线相距至少 20 厘米，不得与电线交叉。

（3）硬塑料管道一般采用承插式胶黏连接。在用涂料胶黏剂前，检查管子和管件的质量及承插配合。如插入困难，可先在开水中使承口胀大，不得使用锉刀或砂纸加工承接表面或用明火烘烤。涂敷黏剂的表面必须清洁、干燥，否则影响粘接质量。

（4）胶黏剂一般用漆刷或毛笔顺次均匀涂抹，先涂管件承口内壁，后涂插口外表。涂层应薄而均匀，勿留空隙，一经涂胶，即应承插连接。注意插口必须对正插入承口，防止歪斜而引起局部胶黏剂被刮掉产生漏气通道。插入时须按要求勿松动，切忌转动插入。插入后以承口端面四周有少量胶黏剂溢出为佳。管子接好后不得转动，在通常操作温度（5℃以上），10 分钟后，才许移动。

3 沼气净化、计量设备安装

▪ 沼气脱硫器安装

（一）安装方法

脱硫器应立式安装，下方进气，上方出气，或按照脱硫器说明由进气口进气，出气口出气。安装时将沼气通入脱硫器的进气口，让出气口对空排放 10 分钟左右，待脱硫器自然降温后再接入管道。将脱硫器安装于压力表前，固定在不易碰撞的地方，进出气口用 8 毫米软管连接，并检查是否漏气。

（二）更换脱硫剂

脱硫器使用到 3 个月时，必须打开脱硫器，更换脱硫剂，并重新检查脱硫器的气密性。

由于沼气脱硫器中的脱硫剂容量有限（一般为 200 克），使用 3 个月以后的脱硫剂就达到了饱和状态（脱硫剂呈现黑色），达不到脱硫的效果。这时脱硫剂需倒出在空气中自行氧化还原，具体方法是：

（1）关闭输气管道总开关和调控净化器开关，打开脱硫瓶盖将脱硫剂在 10 分钟内全部倒出。

（2）并将脱硫剂均匀、疏松地摊放在阴凉、背光、通风的地方，严禁在阳光下暴晒，脱硫剂应放在平整、干净的水泥地面上。

（3）脱硫剂还原时间应大于 24 小时。

（4）沼气调控净化器一经使用，严禁空气进入，若进入的空气量大或快速通过空气时，会在脱硫器内发生剧烈的再生反应而烧坏脱硫器。

（5）脱硫剂一般使用 3 个月。3 个月后应进行再生或更换脱硫剂，否则影响脱硫效果。脱硫剂一般只能再生重复使用两次。

（三）注意事项

（1）新沼气池启动产气后，不能直接经脱硫器排气，须不经脱硫器排放三次杂气后，方可在沼气灶上放气点火。

（2）如因产气量大，顶开活动盖或重新装料，需要重新密封活动盖时，应同时进行脱硫剂再生或再换。

（3）脱硫剂再生时，严禁放在木板、塑料等易燃物品上凉，避免燃烧起火。

（4）脱硫剂重新回装时，只装颗粒，严禁将脱硫剂粉末装回，防止粉末随管道进入灶具喷嘴，引起堵塞，影响使用。

■ 沼气流量计安装

（一）安装方法

沼气流量计安装方式分为法兰卡装式（表体不带法兰）和法兰连接式（表体本身带法兰），结构类型分为一体型结构和分体型结构，信号输出方式分为脉冲信号输出和 4～20 毫安标准电流信号输出。防爆形式：非防爆型和本安防爆型。一般建议选用法兰卡装式、一体型结构、脉冲信号输出和防爆型沼气流量计。

沼气流量计安装时应参照 CJJ 94—2003《城镇燃气室内工程施工及验收规范》的规定。垫片内径不得小于管道内径，垫片外径不应妨碍螺栓的安装。法兰垫片不允许使用斜垫片或双层垫片。用户室外安装的沼气流量计应装在防护箱内。沼气流量计应尽量安装接近立管进户位置，表前管较短，减少潜在漏气风险。还需要考虑供压是否稳定，供压波动大对流量计的工作寿命有一定的影响。

沼气流量计安装方法：

（1）选择常用流量为流量计量程的 0%～70%。合理选择相应的气体流量计类型和规格，尤其对被测沼气流量下限要特别关注。

（2）额定流量小于 50 米^3/时的流量计，采用高位安装时，表底距室内地面不宜小于 1.4 米，表后距墙不宜小于 30 毫米，并应加表托固定；采用低位安装时，应平正地安装在高度不小于 200 毫米的砖砌专墩或钢支架上，表后距墙净距不应小于 50 毫米。

（3）额定流量大于或等于 50 米^3/时的流量计，应平正地安装在高度不小于 200 毫米的砖砌专墩或钢支架上，表后距墙净距不应小于 150 毫米。

（4）涡轮表、罗茨表的安装场所、位置及标高应符合设计文件的规定，并应按产品标识的指向安装。

（二）注意事项

（1）与金属烟囱的水平净距不应小于 1.0 米，与砖砌烟囱水平净距不应小于 800 毫米。

（2）与炒菜灶、大锅灶、蒸箱、烤炉等燃气灶具的灶边水平净距不应小于 800 毫米。

（3）与沸水器及热水锅炉的水平净距不应小于 1 500 毫米。

（4）当流量计与各种灶具和设备的水平距离无法满足上述要求时，应加隔热。

（5）不允许直接在沼气流量计测量管前后端安装阀门、弯头等极大改变流体流态的部件。如果需要在沼气流量计前后管道上安装阀门、弯头等部件也应尽量保证前后直管段长度。

4 沼气灶安装

■ 安装要领

（1）灶具应安装在专用厨房内，房间高度不应低于2.2米，当有热水器时，高度应不低于2.6米。房间应有良好的自然通风和采光。

（2）灶背面与墙净距不小于100毫米，侧面不小于250毫米；若墙面为易燃材料，必须加设隔热防火层，其尺寸应比灶面长及高度大800毫米。

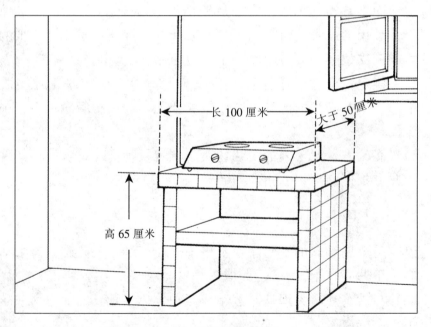

图 5-6　沼气灶安装位置

（3）在一厨房内安装两台灶具时，其间距应不小于400毫米。

（4）灶台台面应用非燃材料。

（5）家用沼气灶如用塑料管连接必须采用管箍固定。

（6）家用沼气灶前必须安装可靠的脱硫器，以确保打火率和延长灶具的使用寿命。

（7）灶台上方可选择使用自排油烟抽风道、排油烟机或排烟风扇。

注意事项

（1）使用前仔细阅读灶具使用说明书，了解灶具的结构、性能、操作步骤和常见事故的处理方法。

（2）点火时如用火柴，应先将火种放至外侧火孔边缘，然后打开阀门。如用自动点火，将燃气阀向里推，逆时针方向旋转，在开启旋塞阀的同时，带动打火机构，当听到"叭"的一声时，击锤撞击压电陶瓷，发出火花，将点火燃烧器点燃。整个过程需 1~2 秒。

火焰的大小靠燃气阀来调节。有的灶具旋塞旋转 90°时火势最大，再转 90°则是一个稳定的小火。使用小火时应注意过堂风或抽油烟机将火吹灭。

（3）首次使用家用灶时，如果出现点不着火或严重脱火现象，说明管内有空气。此时，应打开厨房门窗，瞬间放掉管内的空气即可点燃。

（4）防止杂物掉入火孔，烧开水时，防止开水溢出，将火熄灭。

（5）使用时突然发生漏气、跑火时，应立即关闭灶具阀门和灶前管路阀门，然后请维修人员检修。

（6）灶具在较长时间不用时，要将灶前管路阀门关断，以保安全。

5 沼气灯安装

安装要领

（1）在安装前应检查沼气灯的全部配件是否齐全，有无损伤。

（2）沼气灯一般采用聚氯乙烯软管连接，管路走向不宜过长，不要盘卷，用管卡将管路固定在墙上，软管与灯的喷嘴连接处也应用固定卡或铁丝捆扎牢固，以防漏气或脱落。

（3）吊灯光源中心距顶棚的高度以750毫米为宜，距室内地平面2米，距电线、烟囱1米。民用吊灯的高度最好可以调节。

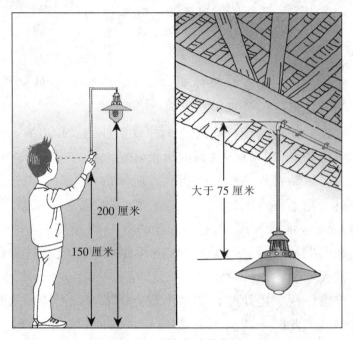

200厘米

150厘米

大于75厘米

图5-7　沼气灯安装位置

（4）台灯光源距离桌面450~500毫米，最好不产生眩光。安装位置稳定，开关方便，软管不要拆扭。

（5）为使沼气灯获得较好照明效果，室内天花板、墙壁应尽量采用白色或黄色。

（6）安装完毕后应用沼气在9800帕的压力下进行气密性试验，持续1分钟，压力计数不应下降。

注意事项

（1）用户在使用沼气灯前，应认真阅读产品安装使用说明，检查灯具内有无灰尘、污垢堵塞喷嘴及泥头火孔。检查喷嘴与引射器装配后是否同心，定位后是否固定。对常用的低压灯采用稀网150支光或200支光纱罩，高压灯用150支光纱罩，同时纱罩不应受潮。

（2）对新购的灯具，在安装纱罩前先进行通气试烧。若火焰呈蓝色，短而有力，燃烧稳定，无脱火、回火现象，说明该灯性能良好。

（3）安装纱罩时，应牢固套在泥头槽内，将石棉丝绕扎两圈以上，打结扎牢后，剪去多余线头，然后将纱罩的皱褶拉直、分布均匀。

（4）初次点燃新纱罩时，将沼气压力适当提高，以便将纱罩吹起，成型过程中纱罩从黑变白，此时可用工具将纱罩整圆。在点燃过程中如火焰飘荡无力，灯光发红，可调节一次空气，并向纱罩均匀吹气，促其正常燃烧，当发出白光后，稳定2～3分钟，关小进气阀门，调节一次空气使灯具达到最佳亮度。

（5）日常使用时，调节旋塞阀开度，达到沼气灯的额定压力，如超压使用，易造成纱罩及玻璃罩的破裂。

（6）定期清洗沼气旋塞，并涂以密封油，以防旋塞漏气。

（7）经常擦拭灯具上的反光罩、玻璃罩，并保持墙面及天花板的清洁，以减少光的损耗，保持灯具原有的发光效率。

6 沼气热水器安装

■ 安装要领

沼气热水器的安装如下：

（1）直接排气式热水器严禁安装在浴室里，可以安装在通风良好的厨房或单独的房间内。

（2）安装热水器的房间高度应大于2.5米。房间必须有进、排气孔，其有效面积不应小于0.03米^2，最好有排风扇。房间的门应与卧室和有人活动的门厅、会客厅隔开，朝室外的门窗应向外开。

（3）热水器的安装位置应符合下列要求：①热水器应安装在操作检修方便、不易被碰撞的地方。②热水器的安装高度以热水器的观火孔与人眼高度相齐为宜，一般距地面1.5米。③热水器应安装在耐火墙壁上，外壳距墙净距不得小于20毫米，如果安装在非耐火的墙壁上，就垫以隔热板，每边超出热水器外壳尺寸100毫米。④热水器的供气、供水管道宜采用金属管道连接，如用软管连接，应采用耐油

图 5-8　沼气热水器安装和使用

管，供水采用耐压管。软管长度不大于 2 米，软管与接头应用卡箍固定。⑤直接排气式热水器的排烟口与房间顶棚的距离不得小于 600 毫米，与燃气表、灶的水平净距不小于 300 毫米，与电器设备的水平净距应大于 300 毫米。⑥热水器的上部不得有电力明线、电器设备和易燃物。

（4）烟道式热水器如放在浴室内，其面积必须大于 7.5 米^2，下部应有不小于 0.03 米^2 的百叶窗，或门距地面留有不小于 30 毫米的间隙。

（5）烟道式热水器的自然排烟装置应符合下列要求：①应设置单独烟道，如用共用烟道，其排烟能力和抽力应满足要求。②热水器的防风排烟罩上部，应有不小于 0.25 米的垂直上升烟气导管，导管直径不得小于热水器排烟口的直径。③烟道应有足够的抽力和排烟能力。④热水器的烟道上不得设置闸板，水平烟道总长不得超过 3 米，应有 1‰ 的坡向热水器的坡度。⑤烟囱出口的排烟温度不得低于露点温度，烟囱出口设置风帽的高度应高出建筑物的正压区或高出建筑物 0.5 米，并应防止雨雪流入。

注意事项

（1）使用前仔细阅读使用说明书，并按其他规定的程序操作：在首次使用时，打开冷水阀及热水阀，让水从热水出口流出，确认水路畅通后，再关闭后制式的热水阀，打开气源阀，然后再点火启动。

（2）点火和启动。将燃气阀向里推压，逆时针方向旋转，出现电火花和听到"啪啪"声，电火花将明火点燃，在"点火"位置停留10～20秒后再松开，常明火需对熄火保护装置的热电偶加热，一定时间后电磁阀才能打开，当手松开后如果常明火熄灭，应重复上述动作。常明点燃后，继续将燃气阀逆时针旋转至有"大火"标记处，热水器便处于待工作状态。打开水阀，主燃烧器即自动点燃，热水器便开始工作。

（3）水温调节。水温调节阀上标有数字，数字大表示水温高，同时可用燃气阀开度大小作为水温调节的补充。

（4）关闭和熄火。关闭水阀，主燃烧器熄灭，常明火仍点燃；再次使用，将水阀打开，热水器又开始运行。长时间不用应将燃气阀关闭，这时常明火也熄灭。

（5）点火前切记将水阀关闭，不得一面放水，一面点火，以防点火爆炸。

（6）热水器在低于0℃以下房间使用，用后应立即关闭供水阀，打开热水阀，将热水器内的水全部排掉，以防冻结损坏。

（7）连续使用热水器时，关闭热水阀后，瞬间水温会升高，随即继续使用以防过热烫伤。

（8）热水器两侧进气孔不得堵塞，排气口不得用毛巾遮盖。热水器点着后不应远离现场。

（9）热水器在使用过程中如被风吹灭，在1分钟内燃烧器安全装置会将燃气供应切断，重新点火需在15分钟之后。

（10）在使用热水器过程中，若发现热水阀关闭后，而主燃烧器仍不熄火，应立即关闭燃气阀，并报管理部门检修。

（11）电脉冲点火装置的电源是干电池，当不能产生电火花无法点燃燃气时，应及时更换。

（12）使用热水器的房间应注意通风和换气。

7 沼气输配系统检验

■ 外观检查

对照施工图，进行外观检查。主要检查：

（1）管道是否符合近、直原则；拐弯处有无折扁；连接头有无松动和脱开。

（2）架空高度是否合格；埋地时，是否加套管或设沟槽；埋设深度是否符合要求。

（3）管道有无坡度，是否坡向池里。

（4）有无安装不必要的管道附件。

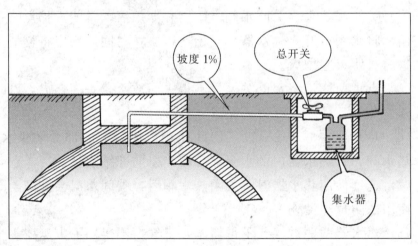

图 5 - 9　输配系统外观检查

■ 气密性检验

沼气池池体试压合格后，将管道从导气管上拔下来，用开关关闭，再从灶具端的管道用力向管内吹气，使压力表水柱上升到 800 毫米以上时，立即关闭开关，以在 4 小时内压力下降不大于 10 毫米水柱为合格。如果管道过长或分支多又不易达到合格时，可在分支处加装开关，分段进行检测，最后进行系统检验。检查漏气部位时，可用肥皂水涂抹或用水浸泡，找出漏气的地方进行修理后重新检验，直至合格。

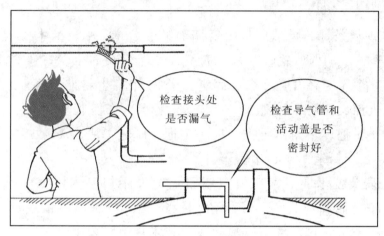

图 5 - 10　气密性检验

参考文献

农业部农业行业标准 . 2008. NT/T 1639—2008 农村沼气 "一池三改" 技术规范 . 北京：中国农业出版社 .

邱凌 . 1997. 庭园沼气高效生产与利用 . 北京：科学技术文献出版社 .

陕西省地方标准 . 2010. DB61/T 503—2010 农村中小型畜禽养殖场沼气工程建设规范 . 西安：陕西省质量技术监督局 .

中华人民共和国国家质量监督检验检疫总局 . 2002. GB/T 4752—2002 户用沼气池施工操作 . 北京：中国标准出版社 .

单元自测

1. 沼气输气管网施工工序有几步？每个工序的技术要点是什么？
2. 沼气脱硫器安装工序有几步？每个工序的技术要点是什么？
3. 沼气灶安装工序有几步？每个工序的技术要点是什么？
4. 沼气灯安装工序有几步？每个工序的技术要点是什么？

5. 沼气热水器安装工序有几步？每个工序的技术要点是什么？

技能训练指导

一、沼气输配装置安装

1. 现场条件。模拟用户厨房墙面的 2.4 米×1.2 米木工板 1 块、PE 硬管 8 米、PVC 软管 2 米、开关 5 个、弯头 8 个、三通 3 个、变径接头 8 个、变径开关 2 个、固定卡子 20 个、生料带 1 卷、黏结剂 1 瓶、双人课桌 1 张、双眼灶 1 台、净化器 1 个、管剪 1 把、水盆 1 个、刷子 1 把、羊角锤 1 把、扳手 1 把、肥皂 1 块、A4 文件夹 1 个、A4 纸 3 张、铅笔 1 支、水若干。

2. 安装技术要点。在模拟墙面上铺设用户室内沼气输气管路，并连接净化器和灶具等，预留沼气饭煲安装位置，质量达到 NT/T 1639—2008《农村沼气"一池三改"技术规范》要求。

二、干式脱硫剂再生

1. 准备一套需要进行脱硫剂再生的干式脱硫装置及施工工具。

2. 根据脱硫剂再生技术要求，现场进行脱硫剂再生和重新启用。

3. 再生技术要点：

（1）关闭输气管道总开关和调控净化器开关，打开脱硫瓶盖将脱硫剂在 10 分钟内全部倒出。

（2）将脱硫剂均匀、疏松地摊放在阴凉、背光、通风的地方。

（3）脱硫剂还原时间大于 24 小时。

（4）严禁空气进入沼气调控净化器。

学习笔记

模块六
沼气配套装备建安

1 便携式沼气分析仪

■ 便携式沼气分析仪的功能

国产便携式沼气分析仪外观及面板构造如图6-1所示。

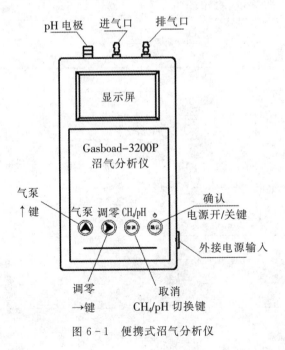

图6-1 便携式沼气分析仪

（一）便携式沼气分析仪的启用

1. 开机。

（1）在开始使用该仪器前应进行以下检查及操作：①严格控制沼气内的粉尘和水分对仪器的损坏。测量前应在采样管线上连接厂家提供的采样头，必要时用户可增加脱水或除尘装置；连接取样管线至进气口，确保连接紧密、无泄漏；确保仪器电池电量充足，或者将电池取下，接上电源适配器。②采样头可连接内径 8～10 毫米的沼气管，出口采用 4 毫米×6 毫米管与分析仪连接；使用时应保持分析仪水平高于采样头，避免积水抽入仪器；若采样管中出现明显积水或异物，应立即停止采样，以避免积水或固体污染物造成对仪器的损坏。当沼气中的水分较高时，也可在采样管路上串接额外的除水过滤装置。用户使用时应保证采样头接于仪器前端，以避免因污染造成的仪器损坏，并定期清洗采样头。

（2）持续按下仪器电源开关约 2 秒，屏幕立即显示预热界面，持续 30 秒后，仪器自动进入待机状态。此时通过外部沼气压力或采样气泵送入样气即可开始测量。

2. 关机。

（1）仪器必须在待机状态下方可关机，关机时需持续按下仪器电源开关约 5 秒。关机前应抽取洁净的空气以保证残留的气体排空，避免因残留的气体或粉尘吸附造成的测量偏差。

（2）仪器正常开机并预热后，即进入测量模式。开泵抽取新鲜空气，仪器的显示值归零。关掉气泵后可切换到采样气路，将样气从采样头送入仪器，保证仪器气路通畅稳定，屏幕即可显示样气的分析浓度值。注意采样头的使用方法，以保证仪器的正常测量。

（3）仪器配有内置气泵，在沼气压力不足的情况下可开启气泵采样。开泵时仅需按"气泵"键，再次按"气泵"键即可关闭气泵。

（4）需要测量 pH 时，按"CH_4/pH"键，可切换到 pH 测量界面。

3. 调零。

（1）调零功能是对仪器零点的校正。用户可手动进行零点校正，按"调零"键，屏幕提示"确定键开始调零"，2秒内按"确认"键仪器开始自动调零。

（2）在仪器零点漂移较大或仪器测量误差较大时，需要选择执行调零功能。调零操作时使用空气调零，操作时应保证仪器抽取新鲜空气。零位调整过程约需40秒，屏幕上会提示"正在调零"，调零完毕后自动返回主界面。若误操作开始调零时，调零过程中用户可按"取消"键取消调零操作。

4. 修改密码。

（1）待机状态下按"确定"键可进入仪器设置界面，为保证仪器测量正常，出厂前生产已经设置完毕。设置内容包括了修改密码、背光设置、大气压力、数据恢复、系统信息、数据备份、沼气校正、pH校正等，用户可根据现场和使用条件的需要进行修改。仪器设置设有密码保护，以防止误操作。

（2）出厂时默认的仪器密码为9999，用户可自行更改。更改时首先按"确定"键进入仪器设置界面，按▲键将移动光标指向"1. 修改密码"，按"确定"键开始，仪器提示输入旧密码，输入时按▲键可修改输入数值，按▲键可平移数据位，输入后按"确定"键；仪器提示输入新密码，输入后按"确定"键；仪器提示再次输入，输入后按"确定"键即完成密码修改。

5. 背光设置。

（1）背光设置可根据现场使用条件选择背光显亮时间，背光显亮时间与电池的使用寿命有关。

（2）按"确定"键进入仪器设置界面，按▲键将移动光标指向"2. 背光设置"，按"确定"键开始。仪器提示选择背光时间，可设置选项包括"15秒""30秒""5分钟""10分钟""常开""常闭"，按"确定"键可循环选择各项。设置完毕后按"取消"键退出即可。

6. 大气压力。

（1）各地区的大气压力差异会引起仪器的测量偏差，使用前输入当地的大气压力值可修正测量偏差。仪器默认值为101.3千帕。

（2）按"确定"键进入仪器设置界面，按▲键将移动光标指向仪器提示"输入大气压力"，用户自行输入即可。

7. 数据恢复。

（1）仪器由于误操作或其他故障引起测量数据混乱时，可使用数据恢复功能恢复标定数据。

（2）按"确定"键进入仪器设置界面，按▲键将移动光标指向"4. 数据恢复"，按"确定"键开始。

（3）数据恢复包括沼气校正数据、沼气出厂数据、pH 校正数据、pH 出厂数据，按▲键将移动光标指向相应项，按"确定"键执行。沼气校正数据和 pH 校正数据恢复用户上次标定的数据，如恢复后测量依然不正确，可再选择沼气出厂数据和 pH 出厂数据恢复。

8. 系统信息。系统信息记录了仪器的硬件版本以及序号，是用户保修的凭证之一。按"确定"键进入仪器设置界面，按▲键将移动光标指向"5. 系统信息"，按"确定"键即可查看系统信息。

9. 数据备份。数据备份功能可备份用户校正数据以防止数据丢失引起的仪器故障。按"确定"键进入仪器设置界面，按▲键将移动光标指向"6. 数据备份"。数据备份包括了沼气校正数据和 pH 校正数据，按▲键将移动光标指向相应项，按"确定"键执行。

10. 沼气校正。

（1）校正是对仪器零点和终点的校正。当漂移并大于仪器的最大允许误差时，应执行标定操作对仪器测量进行校正，以保证测量精度。

（2）校正方法。为保证仪器测量精度，建议至少在仪器预热 10分钟以后进行标定操作。校正采用 2 点校正的方法。

11. pH 校正。校正采用 2 点校正的方法。校正具体步骤如下：

（1）将 pH 电极插入 pH 为 4.0 左右的缓冲剂中，然后按"确定"键进入仪器设置界面，按▲键将移动光标指向"8. pH 校正"，按"确定"键即进入校正界面。

（2）输入缓冲剂的实际 pH，待电压稳定后，可按"＞"键选择"存储"菜单，并按"确认"键保存标定结果，界面自动进入 pH 高点标定；或选择"取消"放弃标定操作，界面自动返回到待机界面。

（3）将 pH 电极插入 pH 为 9.2 左右的缓冲剂中，并输入缓冲剂的实际 pH，待电压稳定后，可按"＞"键选择"存储"菜单，并按"确认"键保存标定结果，或选择"取消"放弃标定操作，界面自动返回到待机界面。

（二）注意事项

1. 仪器安装注意事项。

（1）请勿将便携式沼气分析仪安装在有爆炸性气体的环境中，否则可能导致爆炸、火灾事故发生，危及人身安全。

（2）便携式沼气分析仪必须安装和放置在平稳、能承受仪器重量的场所，避免仪器翻倒或坠落。

（3）便携式沼气分析仪应该避免放置在有强光、强风、潮湿的场所，避免造成仪器工作不正常。

（4）便携式沼气分析仪安装过程中，注意要避免粉尘、水进入仪器内部，否则可能造成仪器工作不正常。

2. 气路连接注意事项。

（1）气路连接应该严格按照说明书的指示执行。必须保证管线的完整性，避免因管线破裂而造成气体泄露。泄露的沼气中含有毒、爆炸性气体，可能会造成严重事故。

（2）便携式沼气分析仪的进气压力必须保证在仪器规定范围，避免因压力过大造成管路脱落或漏气。排气时，请将排气管连接到室外安全大气环境中，不可使其弥散在采样装置或者室内。

（3）便携式沼气分析仪的采样气路应该根据样气的具体情况做好预处理，否则会造成仪器不正常工作。

（4）不要使用粘有油脂类的管子、减压阀等采样器件。有油脂类吸附时，可能会堵塞气路或引起火灾。

3. 电路连接注意事项。

（1）在进行布线、接线施工过程中，请务必切断电源，否则可能造成触电事故。

（2）务必将便携式沼气分析仪上的接地柱按规定进行接地施工，否则可能造成触电事故或者仪器异常。

（3）电路连接线必须按照便携式沼气分析仪额定值选用合适的材料，否则可能造成线路烧毁而引起火灾。

（4）使用符合便携式沼气分析仪额定规格的电源，否则可能造成火灾或仪器不正常工作。

（5）若需要安装串口数据传输线，首先断开便携式沼气分析仪与PC的电源。

（6）安装时应仔细检查并确保连接电源的线缆绝缘保护未被损害，否则可能造成触电事故。

4. 仪器使用注意事项。

（1）用便携式沼气分析仪测量沼气成分时，不能在仪器附近吸烟及使用明火，否则可能造成火灾。

（2）使用标准气体校正仪器时，应认真阅读标准气体的使用说明之后正确执行，否则可能造成气体高压伤人，或者有毒气体泄漏。

（3）水分不能侵入便携式沼气分析仪，否则可能导致触电或者仪表内部短路。

（4）不能在开启便携式沼气分析仪的罩盖情况下长时间运行，否则粉尘、油污等杂物将会积聚在仪器内部，可能造成仪器故障。

（5）便携式沼气分析仪处于诊断或测试状态时，不要随意断开或关闭仪器电源，否则可能缩短仪器的使用寿命，甚至损坏仪器。

（6）必须使用正规的国家标准气体校正便携式沼气分析仪，严格按照使用说明操作，以保证仪器测量精度。

（7）用便携式沼气分析仪测量沼气成分时，必须保证样气经过除水、除尘、除油等预处理操作，否则可能影响仪器测量精度。

5. 仪器维护注意事项。

（1）在进行便携式沼气分析仪维护时，应该断掉电源，避免造成触电事故。

（2）便携式沼气分析仪应定时保养维护，切勿摔碰，切勿让仪器吸入粉尘。

（3）长时间不使用便携式沼气分析仪时，应切断所有电源，并小心贮存，避免日光直射或潮湿的环境。

测量分析

（一）沼气浓度测量

按图6-2连接好电源适配器或安装两节5号电池（电源适配器和电池不能同时使用），按开关键2秒开启仪器电源，待30秒，仪器预热结束之后按照图6-3接好管路，若沼气压力低于2千帕，则按"气泵"键开启气泵；若沼气压力高于2千帕则不需要开启气泵，待显示屏中的数据上升达到稳定，这时显示屏读数值即为沼气浓度。测量结束时，若气泵已经打开，则按"气泵"键关闭气泵或者直接关闭仪器电源。

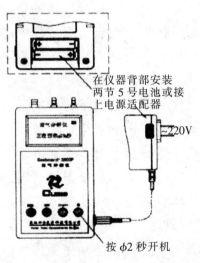

图6-2　连接电源适配器或安装电池

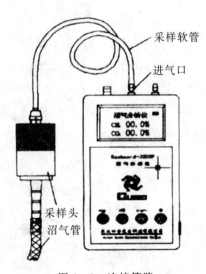

图6-3　连接管路

（二）沼气管道泄漏检查

按"气泵"键开启气泵，将采样头对准可能的泄漏点（采样头应尽量接近这些漏点），如果显示屏上的读数不为零，则此点存在泄漏。测量结束时，按"气泵"键关闭气泵或者直接关闭仪器电源。

（三）沼液 pH 测量

仪器预热结束后按照图 6-4 接好 pH 探头，按 "CH₄/pH" 键选择 pH 测量功能（显示屏中间偏左显示为 "pH"），拧下 pH 电极保护瓶（注意不要将保护瓶中的液体撒漏掉了），用纯净水洗净 pH 电极（图 6-5），然后将 pH 电极插入装有沼液的容器（如图 6-6 所示，插入深度小于 2 厘米，注意不要让保护瓶盖碰到沼液），按开关键 5 秒，轻轻晃动 pH 电极，待数据稳定后读取显示屏上的数据即为沼液 pH。测量结束后，将 pH 电极用纯净水清洗三遍后（图 6-5），将水甩干装入保护瓶，关闭仪器电源。

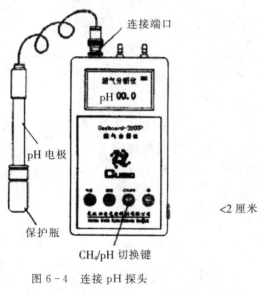

图 6-4　连接 pH 探头

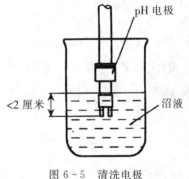

图 6-5　清洗电极

图 6-6　沼液 pH 测量

！温馨提示

（1）每次清洗或测量完毕时，先将 pH 电极上的水甩干。

（2）清洗或测量时，请轻轻晃动 pH 电极，注意不要碰到杯子内壁。

（3）测量完毕时，要清洗三遍后再将 pH 电极装入保护瓶。

（4）不要将保护瓶中的溶液撒漏掉了。

2 太阳能加热系统

太阳能加热装置是收集太阳能并将其转化为热能，经过热交换最终将热量传递给发酵料液，为沼气工程的高效运行提供保障。加热发酵原料的方式有两种：一种是直接加热，将热水直接加入预处理池，从而实现直接给发酵原料加温；另一种是热交换加热，在池内设置热交换器，热水通过交换器循环供热。直接加热用于干鲜粪，原料无清水；热交换加热用于原料中有清水，无需再加水。

太阳能加热装置循环系统可分为自然循环系统、强迫循环系统和直流循环系统三种，其工艺路线如图 6-7 所示。

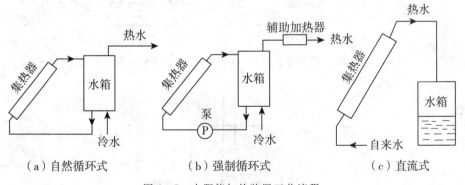

（a）自然循环式　　　　　（b）强制循环式　　　　　（c）直流式

图 6-7　太阳能加热装置工艺流程

太阳能加热装置循环系统一般采用强制循环系统、直流系统，或采用直流式和强制式的混合系统，图 6-8 为沼气工程太阳能加热系统流程。

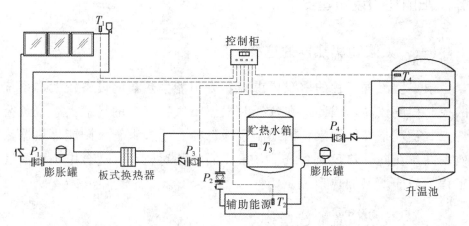

图 6-8　沼气工程太阳能加热系统工艺流程

T_1. 集热器的出口温度　T_2. 辅助能源控制温度　T_3. 贮热水箱内的温度　T_4. 升温池温度

P_1. 集热循环泵　P_2. 辅助能源循环泵　P_3. 水箱换热泵　P_4. 供水循环泵

　　太阳能加热系统由集热装置、贮热水箱、辅助热源系统、防冻系统、自动控制系统等组成。

　　太阳能集热装置包括集热器、管路、泵、换热器、蓄热装置及其附件。集热器可分为平板

> **！温馨提示**
>
> 　　正常情况下，太阳能加热系统全自动运行。系统由专人负责管理、操作。

式集热器、真空管集热器和热管式集热器三种（图 6-9）。换热器的结构以盘管式（或蛇管式）的较为适合，其面积并不是越大越好，一般以不超过太阳能系统采光面积的一半为最佳。

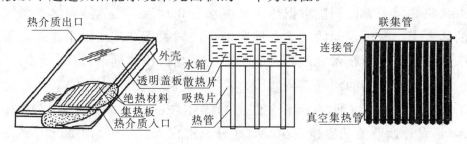

(a)平板集热器　　　　　　(b)热管集热器　　　　　(c)真空管集热器

图 6-9　太阳能集热器类型

■ 太阳能加热系统建安

（一）太阳能集热器的选择

中小型沼气工程的增温要求高，太阳能集热器的设备较大，系统的控制程度较高，因此，在选择时根据沼气生产区的场地大小、负荷特点、管理条件等因素，因地制宜地选择。平板铜管太阳能集热器热效率高，在同等热负荷系统下，采光面积相对较小，适合中小型沼气工程太阳能增温加热系统。

（二）安装位置的选择

太阳能集热器一般安装于建筑物屋面，要求正南朝阳，集热器的东、南、西方向没有挡光的建筑物和树木。为了减少散热量，整个系统尽量放在避风口，为保证系统的总效率，集热器直接安装在调节池保温室的房顶上或其他用热水的场所，尽量避免分的太散。集热器安装和建筑物尽量一体化建设，以减少室外管路的裸露部分，缩短管路，降低安装的成本，提高系统的热效率。

贮热水箱安装在设备间内。设备间要求有保温条件，以防设备冻损。其他辅助设备（补水箱、水泵、电加热、控制器等）均安装在设备间内，设备间应有给水、排水及用电条件。

（三）集热器采光面积的确定

集热器采光面积应根据热水负荷水量和水温、集热器和热水系统的热效率、使用期间的气象条件来确定。国家标准按《民用建筑太阳能热水系统应用技术规范》系统集热器采光面积的理论计算。

例：某牛场的沼气工程规模 300 米³，设计发酵温度 25℃，发酵浓度 6%，发酵留期 30 天，牛粪的总固体含量 17%，每天进出料 10 米³，设计调节池的容积为 10 米³（每天进出料 10 米³），每天需要发酵原料 10 米³（其中鲜粪 4 米³，水 6 米³，牛粪的总固体含量 17%）。设计发酵原料的最低温度为 10℃。

选取太阳能系统产热水的温度为 40℃，日用热水量 6 吨。

计算得出该沼气工程太阳能集热器采光面积理论值为 54 米²，可设计选用集热器面积为 60 米²。

贮热水箱的容积近似为每日用热水量的 2/3，该工程可设计选用贮热水箱容积为 4 吨。补水箱的容积选择为 300 升。

（四）集热器的安装倾角

作为沼气工程的加热水温主要是冬季需要高温，太阳能集热器的安装倾角一般为当地纬度＋10°。

（五）集热器的连接方式

在沼气工程太阳能加热系统中，集热器连接方式通常有三种。

1. 串联。 一集热器的出口与另一集热器的入口相连（图 6-10）。

2. 并联。 一集热器的出口、入口分别与另一集热器的出入口相连（图 6-10）。

3. 混联。 包括并—串联和串—并联。并—串联：若干集热器间并联，各并联集热器之间再串联。串—并联：若干集热器间串联，各串联集热器间再并联（图 6-10）。

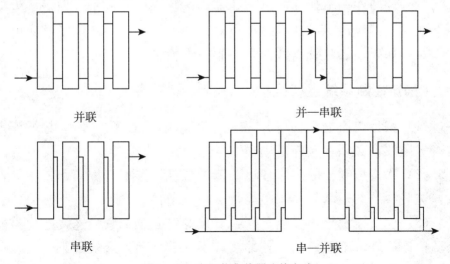

图 6-10　太阳能集热器连接方式

自然循环式热水系统因热虹吸压头较小，故一般采用阻力较小的并联方式。为防止流量分配不均匀，一组并联集热器一般不超过 30 米^2（一对上、下循环管相连的集热器群）。强制循环式因水压较大，可根据场地的安装条件和系统的布置同时采用串、并联的方式。

■ 太阳能加热系统运行维护

（一）集热器运行维护

（1）定期清除集热器热管内的水垢和集热器外表的灰尘。

（2）如发现集热器漏水应查明原因并及时排除故障。

（3）对于破损的太阳能真空管应及时更换，确保集热效率。

（4）入冬季节，应检查集热器的防冻情况，做好保温防冻工作。

（5）如果集热器长期不使用，可启用几次电加热功能，防止长期不用造成的故障或损坏。

（二）热交换器运行维护

（1）太阳能加热系统应每年进行一次全面检查、检测、维护和保养工作。

（2）安装在调节池和厌氧消化器内的热交换器由于长期受到发酵原料或料液的腐蚀，因此，每年要对热交换器进行一次除锈防腐的维护作业，如果加热盘管腐蚀严重，则应更换加热盘管。

（三）控制系统运行维护

（1）测量交流电源的电压和稳定度，电压必须在工作电压范围内；电压波动必须在允许范围内。

（2）检查控制柜的工作环境，测量温度、湿度、振动和粉尘等参数，这些参数必须满足控制柜运行的环境条件。

（3）检查控制柜的安装条件：安装螺钉必须上紧；连接电缆不能松动；连接螺钉不能松动；外部接线不能有任何外观异常。

（4）检查配件及电子元件的使用寿命，所配电池电压是否下降，电池工作寿命一般为 5 年左右；继电器输出触点工作状态，继电器寿命为 300 万次左右。

（四）循环泵运行维护

（1）定时检查电机电流值，不得超过电机额定电流。

（2）泵进行长期运行后，由于机械磨损，使机组噪声及震动大时，应停车检查，必要时可更换易损零件及轴承，水泵大维修一般为一年。

（3）机械密封润滑应清洁无固体颗粒。严禁机械密封干磨情况下工作。

（4）初次启动前应盘动泵几圈，以免突然启动造成石墨断裂损坏。密封泄漏量允许差 3 滴/分，否则应检查。

（5）定期更换水泵的填料。

！温馨提示

太阳能加热系统运行维护注意事项

（1）认真阅读太阳能加热装置与系统产品使用说明书，并根据产品使用说明书的具体要求对装置进行维护。

（2）太阳能加热系统的维护要有专业技术人员负责，定期对加热装置进行系统维护与保养。

（3）用户单位可选派技术人员到太阳能加热装置的生产企业接受培训，学习太阳能加热装置的维修、维护及保养知识。用户技术员经过培训后，能够排除一般故障。用户技术员不能排除的故障应及时通知太阳能加热装置生产厂家派技术员解决。

---

3 潜水搅拌机

将潜水搅拌机（图 6-11 和图 6-12）安装在调节池内，可实现对发酵原料的充分搅拌、混合、调配，从而为进料泵正常运行提供必要的条件。利用搅拌机对发酵料液进行搅拌混合，可达到动态发酵目的，满足沼气发酵的基本条件。

图 6-11　MA/LFP 潜水搅拌机

图 6-12　QJB 型潜水搅拌机

潜水搅拌机由潜水电机、叶轮和安装系统等组成（图 6-13 和图 6-14）。按潜水电机的转速，可分为高速潜水搅拌机、中速潜水搅拌机和低速潜水推流器三种。

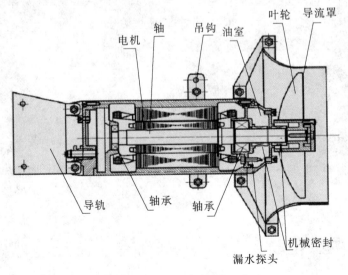

图 6-13　QJB 型潜水搅拌机构造

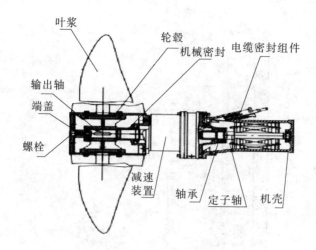

图 6-14   GSD 型潜水搅拌机构造

■ 潜水搅拌机的安装

(一) 安装准备

(1) 安装前认真阅读潜水搅拌机产品使用及产品安装说明书，根据搅拌机的工况条件选定安装系统。

(2) 应检查设备的接地连接是否可靠，并检查接地电阻。

(3) 检查叶轮的转向是否正确，若反向旋转应予以调整。

(二) 安装方法

1. 手提式潜水搅拌机安装。 手提式 (图 6-15) 只适用池深＜4 米、QJB1.5 混合型以下的机型，并可在水平方向做转向调节，垂直方向做上下调节。

2. 连体转动式潜水搅拌机安装。 连体转动式 (图 6-16) 适用于池深≥4 米、QJB4.0 混合型以下的机型，导杆可沿水平方向绕导杆轴 ($Z—Z$ 轴) 线旋转，每 15°一分隔，最大转角为±60°。

3. 分体转动式潜水搅拌机安装。 分体转动式 (图 6-17) 适用于

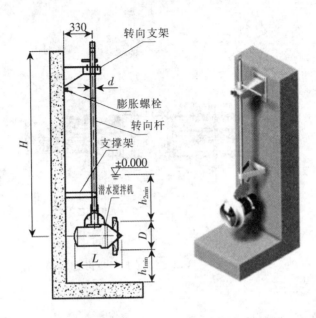

图 6 - 15　手提式潜水搅拌机安装示意

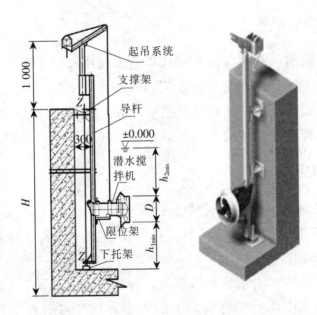

图 6 - 16　连体转动式潜水搅拌机安装示意

池深≥4 米、QJB4.0 混合型以上的机型，导杆可沿水平方向绕导杆轴（Z—Z轴）线旋转，最大转角为±60°。

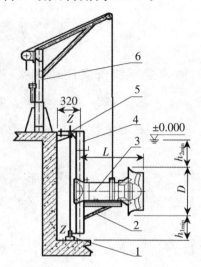

1. 下托架　2. 限位架　3. 潜水搅拌机　4. 导杆　5. 支撑架　6. 起吊系统

图 6-17　分体转动式潜水搅拌机安装示意

（三）安装细则

（1）支撑架和下托架与池壁、池底均用钢膨胀螺栓固定，无需预留孔，推荐设预埋件。

（2）根据池深及池形确定导杆尺寸和支撑架数量。

（3）安装系统材质采用不锈钢和碳钢防腐。

（4）当池深大于 5 米时，应在安装系统（连体转动式和分体转动式）导杆中间添加一支撑架。

（5）多台搅拌机可共用一套移动起吊系统。

（四）安装结果检查

（1）检查叶轮旋转方向：逆时针为正确旋转方向，若旋转方向不正确，将两条相线交换。

（2）整机安装完毕后，为确保安装质量，应进行 2~3 次搅拌机的上下起吊试验（严禁通电），以保证主机上下灵活，定位准确，无卡死现象。同时检查并确保底板与支撑架定位牢固，清理池中的建筑垃圾后，方可向池中进料。

> **⚠ 温馨提示**
>
> **潜水搅拌机安装注意事项**
>
> （1）遵守所有健康与安全规则和操作现场规则及惯例。
>
> （2）为了避免事故，必须在施工现场放置醒目警示标志，设备附近区域应予隔开。
>
> （3）电缆线必须穿好并固定，电缆线末端应避免受潮，严禁将电缆线作为起吊链使用或用力拖拉，严格按照相关规程，避免触电危险。
>
> （4）潜水搅拌机的最小潜入不得太浅，否则会损坏主机，最大潜入不得超过 20 米。

■ 潜水搅拌机运行维护

（1）定期清除搅拌机轨道上的缠绕物及杂物，始终保持潜水搅拌机升降自如。

（2）经常检查搅拌机轨道固定状况，发现轨道松动应及时维修。

（3）每年宜对轨道进行一次大检修，并根据轨道的腐蚀程度确定是否予以更换。

（4）建立轨道维护保养档案，制订轨道中、长期维护、维修计划。

4 物料粉碎机

物料粉碎机的种类较多。锤片式物料粉碎机按转子轴的位置可分为卧式和立式，卧式粉碎机（图 6-18）的主机由喂入机构、铡切机构、抛送机构、传动机构、行走机构、防护装置和机架等部分组成。按物料进入粉碎室的方向，可分为切向喂入式、轴向喂入式和径向喂

潜水搅拌机运行维护注意事项

（1）在对潜水搅拌机轨道进行维护时，首先应切断潜水搅拌机的电源，并确保潜水搅拌机无法被意外启动。

（2）在轨道维护作业时，应采取积极的安全措施，防止意外事故的发生。

（3）维护人员必须事先经过严格的专业技术培训，在对潜水搅拌机维护之前要认真阅读产品使用及产品安装说明书。

入式三种（图6-19）。切向喂入式的通用性较好，既可粉碎稻草秸、玉米秸、麦秸，也可粉碎花生秧、花生壳、地瓜秧、青草茎秆等；轴向喂入式适于粉碎玉米芯、花生壳，但在喂入口安装切片后，也可粉碎农作物秸秆等；径向喂入式适用于粉碎农作物的秸秆等。

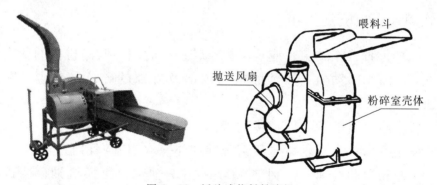

喂料斗

抛送风扇

粉碎室壳体

图6-18　锤片式物料粉碎机

■ 物料粉碎机的安装

（1）粉碎机应安装在水平的混凝土基础上，用地脚螺栓固定。

（2）安装时应注意主机体与水平的垂直。

（3）安装时还应注意运送物料的皮带输送机应对准进料口和出料口。

（4）安装后检查各部位螺栓有无松动及主机仓门是否紧固，如有须进行紧固。

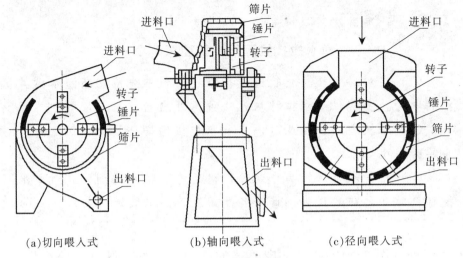

图 6-19 锤片式物料粉碎机结构

(5) 按粉碎机的动力配置电源线和控制开关。

(6) 检查完毕，进行空负荷试车，试车正常即可投入正常运行。

▪ 物料粉碎机的运行维护

(1) 每日工作结束，应让主机空转一段时间，吹净机内的灰尘和杂草，然后切断动力，再清除机具内部及外部的碎草和灰尘，以防锈蚀。

(2) 经常给油嘴处注加优质黄油，以保护轴承正常运转，延长轴承的使用寿命；主轴轴承每年清洗并加注一次锂基润滑脂。

(3) 粉碎机作业 300 小时后，须清洗轴承，更换机油；装机油时，以满轴承座空隙的 1/3 为好，最多不得超过 1/2。长时间停机时，应卸下传动带。

(4) 定期检查粉碎机动、定刀片固定状况，锁紧动、定刀片的螺栓必须紧固，不得松动；定期检查动、定刀片咬合的间隙是否合适，必须达到平行咬合（间隙 2~3 毫米）。

(5) 定期检查螺栓、螺母是否紧固，尤其是新机器第一次作业后，如有松动，立即拧紧，特别要注意每班检查动、定刀的紧固螺栓。

(6) 定期检查动、定刀的锋利程度，钝后要及时更换或刃磨，刃磨时动刀应磨斜面，定刀应磨上面；动刀如有损坏，必须全部更换，不允许新旧搭配使用；动刀安装时必须按照出厂方式对称安装，动、定刀片的紧固件不得用普通紧固件代替。

（7）更换锤片时，应严格按照锤片的排列顺序安装，且相对应两组的锤片质量之差不大于 5 克，否则将产生震动，加速各部件的磨损。

（8）用水冲刷机器上的泥垢，但要特别注意不能直接向轴承部件喷射，如必要可以使用脱脂剂，但不得用酸性或碱性的清洗剂。

（9）定期检查皮带的松紧度，过松或过紧都会使电机和机器发热，减少皮带寿命。

（10）粉碎机必须停放在干燥通风的库房内，防止日晒雨淋。

▉ 物料粉碎机的安全使用

（1）工作时操作者要站在侧面，以防硬物从进料口弹出伤人。

（2）严禁将手伸入喂料口和用力送料，严禁用木棍等帮助送料，以防伤人、损机。

（3）未满 18 周岁及老年人、头脑不清者不得开机操作；留长发的女同志操作时必须戴工作帽；操作者不得酒后作业。

（4）操作时不得随意提高主轴转速，以防高速旋转时损机伤人，造成不必要损失。

（5）物料粉碎机工作过程中，操作者不得离开工作岗位，急需离开时必须停机断电。

▉ 物料粉碎机的安全管理

（1）建立健全物料粉碎机维修、维护及养护档案。

（2）在正式工作前，物料粉碎机的风机装置一定要经过动平衡实验。

（3）对粉碎机的维护要由责任心强、技术过硬并经过专业培训的技术员来承担。

（4）对粉碎机进行维护之后，必须经过反复的启动、运行，确认物料粉碎机一切运行正常之后方可投入生产作业。

（5）工作中发现秸秆粉碎机运转不正常或有异声，应立即停机切断电源，待机器完全停稳后再打开机盖检查，严禁机器转动时检查，查明原因、排除故障后再工作。

5 活塞出料器

农村沼气池搅拌和出料常采用人力活塞出料器，又名手提抽粪器（图6-20）。它具有不耗电、制作简单、造价低、经久耐用、不需撬开活动盖、能抽起可流动的浓粪等特点。这种出料方式适宜于从事农业生产的农户小型沼气池。使用时注意当压力表水柱出现负压时应打开沼气开关与大气连通。

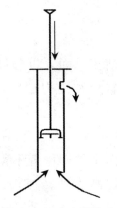

图6-20　活塞出料器示意

活塞出料器的结构简单，由PVC管制作的活塞筒（长度小于沼气池总深250毫米左右）和活塞构成，活塞由活塞片和手提拉杆组成。

活塞出料器的活塞筒常安放在出料间壁挨近主池的位置上（图6-21），上口距地面50毫米，下口离出料间底250毫米左右。在出料间旁边挨近抽粪器处建深约500毫米、直径约500毫米的小坑，用于放粪桶。小坑与抽粪器之间用110毫米的PVC管连接。在活塞筒上挨小沟处开一小口，抽粪器抽取的浓粪经小口PVC管后进入粪桶。

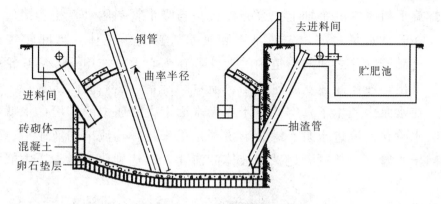

图 6-21　活塞出料器安装示意

6 出料潜污泵

在农村沼气工程中利用最多的出料潜污泵主要为叶轮式。叶轮式又包括离心式和轴流式两种。

■ 离心式出料潜污泵

单级离心水泵（图 6-22）的主要工作部分是工作轮，叶片安装

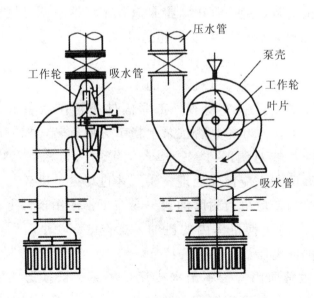

图 6-22　单级离心水泵

在螺旋形机壳内的泵轴上。泵壳借接头与吸水管和压水管相连接。

在开动水泵之前，先使泵壳和吸水管路充满液体。当叶轮转运时，充满于叶片之间的槽道中的液体，在离心力的作用下，从叶轮中心被甩出，液体高速从叶轮流出，流过螺旋室，然后流向压水管。同时，在水泵中产生了真空，由于在吸水面上大气压力的作用，水就经过吸水管路而流进水泵。螺旋形机壳是用来将叶轮流出的液体平稳地引向压水管路，并逐渐地减小液体的流速，以达到化动能为压力能的目的。

离心污水泵中的高效无堵塞排污泵系列有 QW 潜水式、LW 立式、YW 液下式及 GW 管道式等。该系列泵的主要特点是叶轮具有很大的流道，能够通过大的物料及纤维垃圾，减少堵塞、缠绕等故障。另外，该系列泵采用最先进的机械密封装置，泵轴及紧固螺丝全部采用不锈钢材料，强度高，抗腐蚀能力强，并配三相漏电保护器，能可靠保证电机安全。该系列泵排出口径为 40～200 毫米，流量为 15～30 米^3/小时，扬程为 7～30 米。

（一）QW 潜水式无堵塞排污泵

该泵不用安装，接上管子，将泵放入水底摆平即可使用。

1. 使用条件。①介质温度不超过 45℃。②介质平均重度不超过 1 500 千克/米^3。③被抽送液体的 pH 为 5～9。④在长时间的运行中，电机露出液面部分不超过电机高度的 1/2。

2. 使用要求。①首先检查外部紧固件是否在运输中松动。②接通电源试转一下，看叶轮是否按泵上指示方向旋转，如方向倒转，将电缆中的任两相线对调即可。③检查电缆中入口密封和电缆是否完好，如发现漏电漏水应预先处理。④泵体进口处的叶轮与油封之间间隙如超出 2 毫米，应更换耐磨油封。⑤在正常使用条件下，累计运行 1 000 小时后，应更换机体内的机油，工作 3 000 小时后，应更换磨损件和轴承的润滑脂。

3. 常见故障原因。①不出水或流量不足。被抽送的液体重度过高或粒度过大，液体管道堵塞；叶轮转向错；管道出口高度超出额定扬程高度。②电压低，绝缘电阻低。机械密封漏水，电机接线端漏水或电缆破损。

（二）YW 液下式无堵塞排污泵

该泵安装在污水池或水槽的支架上，电机在上，泵淹没在液下，伸入池下 1～2.5 米，抽送介质温度不超过 80℃、pH 为 6～9。

安装要求：

（1）泵的吸入口距离池底部应大于 150 毫米。

（2）电机在安装前，应接通电源试转，检查旋转方向，如相反，须对调三相中的任何两相电源。

（3）装上电机，盘动联轴器，检查泵轴与电机是否同心，联轴器转动一周，端面的间隙不超过 0.3 毫米。

■ 轴流式出料潜污泵

轴流式出料潜污泵的叶轮像一个螺旋桨，当叶轮旋转时，依靠叶片的推力将液体压出。液体从轴向吸入并从轴向压出。轴流式泵具有很高的效率，水泵的外径即吸水管的直径，因此水泵的体积和重量都减小了。

ZW 系列自吸式无堵塞排污泵（图 6 - 23）采用轴向回流外混式，并通过泵体、叶轮流道的独特设计，既可像一般自吸清水泵那样不需要安装底阀和灌引水，又可吸提含有大颗粒固体直径为出口口径的 60% 和纤维长度为叶轮直径 1.5 倍的杂质液体。

安装要求：

（1）检查泵底座、联轴器、轴承座等连接部位的紧固件有无松动。

（2）用手转运联轴器，检查是否有卡滞或异声等现象。

（3）拧开泵上方的加水螺栓，加入储液水（不少于泵体容积的三分之二）。旋紧螺栓，以后开机不需灌引水。

（4）接上电源试转一下，从电机端看应为顺时针转向。

（5）开机后观察泵运行是否正常，若有异常现象，应找出原因并加以排除。

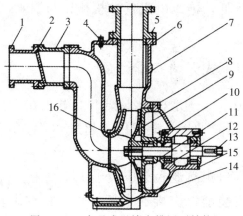

图 6-23　自吸式无堵塞排污泵结构

1. 进口接管　2. 进口阀　3. 中接管　4. 加水螺栓　5. 出口接管　6. 泵体　7. 气液分离管　8. 后盖
9. 叶轮　10. 机械密封　11. 挡水圈　12. 轴承座　13. 泵轴　14. 轴承盖　15. 底盖板　16. 口环

　　液肥抽运车具有抽取速度快、抽运合一、结构简单、配套容易、使用简便的优点，可用于各类沼气工程的出料、运肥和施肥。其中有旋片式真空泵液肥抽运车、活塞式真空泵液肥抽运车、排气引射式液肥抽运车等。

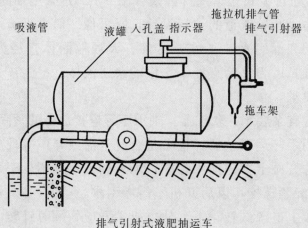

排气引射式液肥抽运车

参考文献

邱凌.1997.庭园沼气高效生产与利用.北京：科学技术文献出版社.

邱凌，王飞.2012.沼气物管员（高级工）.北京：中国农业出版社.

陕西省地方标准.2010.DB61/T 503—2010 农村中小型畜禽养殖场沼气工程建设规范.西安：陕西省质量技术监督局.

单元自测

1. 便携式沼气分析仪有哪些功能？它的安装和使用技术要点是什么？

2. 太阳能加热装置有哪些功能？它的安装和使用技术要点是什么？

3. 潜水搅拌机有哪些功能？它的安装和使用技术要点是什么？

4. 物料粉碎机有哪些功能？它的安装和使用技术要点是什么？

5. 活塞出料器有哪些功能？它的安装和使用技术要点是什么？

6. 出料潜污泵有哪些功能？它的安装和使用技术要点是什么？

技能训练指导

一、物料粉碎机的安装

技术要点：

1. 粉碎机应安装在水平的混凝土基础上，用地脚螺栓固定。

2. 安装时应注意主机体与水平的垂直。

3. 安装时还应注意运送物料的皮带输送机应对准进料口和出料口。

4. 安装后检查各部位螺栓有无松动及主机仓门是否紧固，如有须进行紧固。

5. 按粉碎机的动力配置电源线和控制开关。

6. 检查完毕，进行空负荷试车，试车正常即可投入正常运行。

二、活塞出料器施工

技术要点：

1. 活塞出料器由 PVC 管制作的活塞筒（长度小于沼气池总深 250 毫米左右）和活塞构成，活塞由活塞片和手提拉杆组成。

2. 活塞出料器的活塞筒常安放在出料间壁挨近主池的位置上，上口距地面 50 毫米，下口离出料间底 250 毫米左右。

3. 在出料间旁边挨近抽粪器处建深约 500 毫米、直径约 500 毫米的小坑，用于放粪桶。

4. 小坑与抽粪器之间用 110 毫米的 PVC 管连接。

5. 在活塞筒上挨小沟处开一小口，抽粪器抽取的浓粪经小口 PVC 管后进入粪桶。

学习笔记

模块七
沼气系统启动调试

无论是新建成的沼气系统，还是换料后重新启动的沼气系统，从向沼气池内投入发酵原料和接种物起，到沼气池能正常稳定地产生沼气为止，这个过程称为沼气池发酵启动。工艺形态、结构相同的沼气池，发酵启动的各个环节处理的不同，其产气和使用效果差异很大。按照"接种物∶原料∶水＝1∶2∶5"的比例配料，在25℃以上的料液温度条件下启动，封池后 1～2 天即可点火使用。不按沼气发酵启动技术要求配料启动，封池后 10 天、半月甚至更长时间都不能点火使用。因此，把握好沼气系统发酵启动的各个环节至关重要。

1 启动准备

启动原料和接种物的准备是沼气系统发酵启动的基础工作，包括启动原料收集与预处理、接种物采集与处理等工序。

■ 收集优质启动原料

为了保证沼气池启动和发酵有充足而稳定的发酵原料，使池内发酵原料既不结壳，又易进易出，达到管理方便、产气率高的目的，要按照沼气微生物的营养需要和发酵特性，收集和选择启动原料。

各种有机物质，如人畜禽粪尿、作物秸秆、农副产品加工的废水

图 7-1　发酵原料的准备

剩渣及生活污水等都可作沼气发酵原料。沼气发酵最适宜的碳氮比为（20～30）：1。如原料中碳元素过多，则氮元素被微生物利用后，剩下过多的碳元素，造成有机酸的大量积累，不利于沼气池的顺利启动。在农村常用的沼气发酵原料中，牛粪的碳氮比为 25：1，马粪的碳氮比为 24：1，羊粪的碳氮比为 29：1，是比较适宜的启动原料。

!温馨提示

　　各种剧毒农药（特别是有机杀菌剂、杀虫剂以及抗菌素等）、喷洒了农药的作物茎叶、刚消过毒的禽畜粪便、能做土农药的各种植物（如大蒜、韭菜、苦皮藤、桃树叶、马钱子果等）、重金属化合物、盐类等都不能进入沼气池，以防沼气细菌中毒而停止产气。

■ 启动原料的预处理

（一）畜粪类原料的预处理

用于启动的第一池发酵原料，应尽量采用纯净牛粪、马粪、羊粪，或 2/3 的猪粪＋1/3 的牛、马粪，在投料之前，还应进行堆沤处理。堆沤时，应在收集到的启动原料堆上泼洒沼液，保持湿润，并加盖塑料薄膜密封，以利于聚集热量和富集菌种。堆沤时间根据季节变化进行调节，夏天堆沤 2～4 天，冬天堆沤一周左右，使堆沤原料温度升高到 40～50℃，颜色变成深褐黑色后，方可入池。

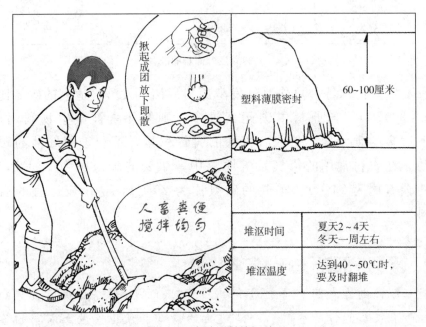

图 7-2 启动原料堆沤处理

对于养殖专业户和小型集约化养牛、养猪场的粪污作沼气发酵原料，清粪与沼气工程运行应该协调进行，牛舍、猪舍的粪污应该日清两次，早晚各一次，及时送到集粪池里，防止牛粪、猪粪结冻或积压成块。用沉淀回流上清液或预处理池里的稀液来稀释干猪粪或干牛粪，浓度为 4%～8%。冲洗牛舍、猪舍的污水经过粗细格栅，随同稀释除杂后的牛猪粪污液一同流进预处理池，进一步清除浮渣后，按量泵进沼气池里。

（二）纤维性原料的预处理

如果畜禽粪便原料不足，需要搭配秸秆和青草等纤维性原料时，在其进池发酵之前，一定要进行预处理。常用的预处理方法如下：

1. 切碎或粗粉碎。将秸秆等纤维性原料切成 50 毫米左右长短或进行粉碎，这不仅可以加快原料的分解利用，而且也便于进出料和施肥时的操作。经过切碎或粗粉碎的秸秆下池发酵，一般可提高 20%左右的产气量。

2. 堆沤处理。秸秆经过堆沤后，能加快纤维的分解和发酵过程，下池后不易浮料结壳；在堆沤过程中能产生 70℃以上的高温，有利于提高料温；堆沤后秸秆体积缩小，其中的空气大部分被排除，有利于厌氧发酵。堆沤的方法分池外堆沤和池内堆沤两种。

（1）池外堆沤。先将秸秆铡碎，起堆时分层加入占干料重 1%～2%的石灰或草木灰，然后再分层泼一些人畜粪尿或沼液。加水量以料堆下部不流水、秸秆充分湿润为度。料堆上覆盖塑料薄膜或糊一层稀泥。堆沤时间夏季为 4～5 天，冬季为 8～10 天。当堆内发热烫手时（50～60℃），要立即翻堆，把堆外的翻入堆内，并补充些水分，再堆沤一定时间。待大部分秸秆颜色呈棕色或褐色时，即可入池发酵。

（2）池内堆沤。原料能量和养分损失少，而且可以利用堆沤时产生的热量来增加池温，加快启动，提前产气。新池进料前应先将沼气池里试压的水抽出，老池大换料时，也要把发酵液基本取出，只留下菌种部分。然后按配料比例配料，可以在池外搅拌均匀后装入沼气池，也可将粪、草分层，一层一层地交替均匀地装入池内。要求草料充分湿润，但池底基本不积水。料装好后，将活动盖口用塑料薄膜封好，当发酵原料的料温上升到 50℃时（打开活动盖口塑料薄膜时有水蒸气可见），再加水至零压水位线，封好活动盖。

■ 接种物采集与处理

（一）采集接种物

为了加快沼气发酵的启动和提高沼气池产气量，需要向沼气池中加入富含沼气微生物的接种物，它的作用就像人们蒸馒头要用酵母来发酵一样。目前一般采用自然界的活性污泥作接种物，如城市污水处理厂的污泥、池塘底部的污泥、粪坑底部的沉渣等，都含有大量的沼气微生物，特别是屠宰场、食品加工厂和酿造厂的下水污泥等，都是良好的接种物。在农村，来源较广、使用方便的接种物是正常产气沼气池的沼渣和沼液，是选择接种物的首选。

（二）处理接种物

如果采集的接种物是正常产气沼气池的沼渣或沼液，可不做处理，直接加入沼气池用于启动。如果采集的接种物是粪坑、屠宰场、豆腐加工厂、食品加工厂和酿造厂的下水污泥，将污泥加水搅拌均匀，经沉砂和过筛后，去掉上清液，使悬浮固体含量能达到 2% ～ 5% 即可作为接种物。

2 投料启动

■ 配料

沼气系统启动配料比例为"接种物：原料：水＝1：2：5"。以 8 米³ 的沼气池为例，接种物为 0.8 米³ 左右，原料为 1.8 米³ 左右，水为 5 米³ 左右（图 7-3）。将收集的接种物和原料处理后，按以上比例投入沼气池。

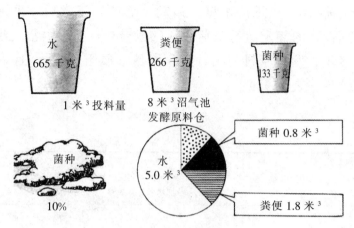

图 7 - 3　沼气系统启动配料比例

加水

启动沼气池，加入池内的水占去大部分池容，水温高低、质量好坏对启动快慢影响很大。发酵原料和接种物加入沼气池后，最好能从正常产气的沼气池水压间中取 200～400 千克富含菌种的沼液加入，再找水茅坑或污水坑中的发泡污水，加至距天窗口 400～500 毫米处。除了注意加入水的质量外，还应尽量想办法加入温度较高的水。启动用水，温度应尽量控制在 20℃ 以上。例如，夏季可采用晒热的污水坑或池塘的水等，避免将从井里抽出来的 10℃ 左右的冷水直接加入池内。因为沼气池结构如同保温瓶，加入冷水，要靠外部热量提高其温度是比较困难的。沼气池一旦处于"冷浸"状态，要改变其状态，需要经过很长的时间。

在沼气池启动和发酵中，加入多少原料和水，直接影响到料液浓度。沼气池最适宜的发酵浓度，随季节不同（即发酵温度不同）而变化。一般浓度范围为 6％～12％，夏季浓度以 6％～8％ 为宜，低温季节以 10％～12％ 为宜。进料量过少，有效物质少，不易启动且产气时间短；进料量过多，不利于沼气细菌的活动，原料不易分解，产气慢而少。

启动沼气池，最主要的矛盾是沼气微生物数量和活性不足，因此，要低负荷（6%以下的浓度）启动，等产气正常后，再逐步加大负荷，直到设计的额定运行负荷。沼气池启动负荷根据沼气池发酵启动的有效容积、发酵原料的品种及含水量（或干物质含量）、启动用水量进行计算（表7-1）。

表7-1　沼气池启动配料参考

单位：千克/米³

配料组合	重量比	6%浓度		8%浓度		10%浓度	
		加料	加水	加料	加水	加料	加水
鲜猪粪		333	667	445	555	555	442
鲜牛粪		353	647	471	529	588	412
鲜骡马粪		300	700	400	600	500	500
牛粪：马粪	随机	350	650	460	540	550	450
猪粪：牛粪	1.5：3.2	112：240	647	150：320	530	208：400	412

■ 检测料液酸碱度

给沼气池投入原料和接种物，加入25℃左右的温水至零压面（距天窗口400～500毫米），在封闭活动盖之前，要用pH试纸检测启动料液的酸碱度。当启动料液的pH为6.8～7.5时，即可封闭沼气池活动盖（图7-4）。

图7-4　沼气池启动料液的适宜酸碱度

沼气发酵启动过程中，一旦发生酸化现象，往往表现为所产气体长期不能点燃或产气量迅速下降，甚至完全停止产气，发酵液的颜色变黄。为了加速 pH 自然调节作用，可向沼气池内增投一些接种物，当 pH 降到 6.5 以下时，需取出部分发酵液，重新加入大量接种物或者老沼气池中的发酵液。也可加入草木灰或石灰水调节，使 pH 调节到 6.5 以上，以达到正常产气的目的。

> **！温馨提示**
>
> 　　在沼气池启动和发酵过程中，沼气微生物适宜在中性或微碱性的环境中生长繁殖。过酸（pH＜6.0）或过碱（pH＞8.0）都不利于原料发酵和沼气的产生。一个启动正常的沼气池一般不需调节 pH，靠其自动调节就可达到平衡。

■ 封池

沼气池活动盖一般用黏性较大的黏土和石灰粉配制成的石灰胶泥密封，先将干黏土锤碎，筛去粗粒和杂物，按 5∶1 的配比（重量比）与石灰粉干拌均匀后，加水拌和，揉搓成为硬面团状，即可作为封池胶泥使用。

封盖前，先用扫帚扫去粘在蓄水圈、活动盖底及周围边上的泥砂杂物，再用水冲洗，使蓄水圈、活动盖表面洁净，以利黏结。清洗完后，将揉好的石灰胶泥，均匀地铺在活动盖口表面上，再把活动盖坐在胶泥上，注意活动盖与蓄水圈之间的间隙要均匀，用脚踏紧，使之紧密结合。然后插上插销，将水灌入蓄水圈，养护 1～2 天即可（图 7－5）。

要使活动盖密封不漏气，天窗口和活动盖的施工一定要认真、规范。活动盖的厚度不低于 100 毫米，斜角不能过大（图 7－6）。

■ 放气试火

沼气池启动初期，所产生的气体主要是二氧化碳，同时封池时气

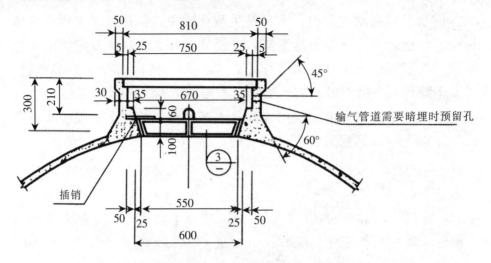

输气管道需要暗埋时预留孔

插销

图 7 - 5　密封沼气池活动盖

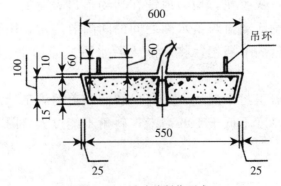

吊环

图 7 - 6　活动盖制作要求

箱内还有一定量的空气，因而气体中的甲烷含量低，通常不能燃烧。当沼气压力表上的水柱达到 400 毫米以上时，应放气试火。放气 1~2 次后，所产气体中的甲烷含量达到 30% 以上时，所产生的沼气即可点燃使用。

⚠️ 温馨提示

　　密封活动盖的胶泥不能太硬，也不能太软，要能填充活动盖和天窗口之间的缝隙。

　　活动盖上的蓄水圈要经常加水，以防密封胶泥干裂，出现漏气。

3 故障防除

■ 启动失败或启动后不产气

　　启动是沼气发酵工艺中的一个重要的环节，对于连续和半连续发酵工艺来说，其意义就更为重要。启动一旦失败，整个发酵过程就无法进行。相反，启动一旦成功，运行过程一般不会出现问题。但启动失败或启动效果不好是沼气发酵中常会遇到的问题，究其原因，有以下几方面（图 7-7）。

（一）温度过低

　　在我国农村，特别是北方农村，冬季和初春沼气池一般不能启动，其主要原因是温度太低。我国南方地区，冬季水压式沼气池内的温度大都在 15℃ 以下，北方就更低了。这样的温度，微生物的代谢能力极弱，很难形成能正常代谢的沼气微生物群体，因此这时向沼气池内投料无法启动。

　　根据这一特点，采用自然温度进行沼气发酵的工艺，应尽可能利用太阳能进行沼气系统保温和增温，启动时间尽量错开冬季和初春季节。安排启动的时间应掌握在向池内投料、加水封池之后，池温仍能高于 15℃ 的时间。如果投料后才发现因池温低而不能启动，可向池内增投一些质量好的接种物和马粪、粉碎秸秆等易发热的原料，并将

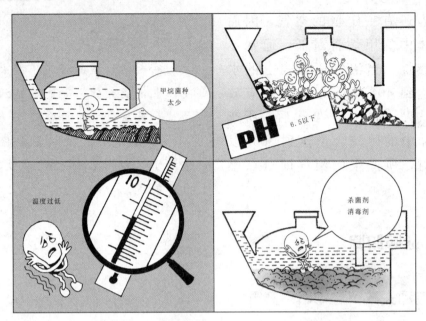

图 7-7　启动失败或启动后不产气的常见原因

水加热到 30～40℃后加入池内，以补充池内温度。大多数地区，池温回升到 15℃以上的季节是每年的 4 月以后。为了保证沼气池冬季也能产生沼气，秋季大换料启动时间一般安排在 11 月中旬以前完成，这样入冬时正常的微生物体系已基本形成，沼气池便可继续产气。

（二）未加接种物或接种物太少

接种物中含有大量的沼气微生物，加入它就是给沼气池加入了产生沼气的微生物菌群，显然这是任何沼气发酵工艺都必不可少的要求。如果在投料时只向沼气池加入原料和水，或者向沼气池加入的接种物数量太少、质量不好，沼气池就不能正常启动。

为了避免沼气池启动失败，在投料时必须按发酵工艺的要求，向沼气池内投入质量较好、数量足够的接种物。

（三）原料酸碱度失衡

造成酸碱度过低的原因有沼气池温度较低，接种物质量差或数量少，秸秆原料没有进行堆沤处理、产酸太快，投料浓度过高等。料液酸碱度过低，表现在水压间的料液发黄，有一股特殊的酸味，液面有一层白的薄膜。当沼气池内酸碱度过低时，沼气微生物不能正常活动，沼气池不能启动。此时用酸碱度计测定，其 pH 大多在 6.5 以下。

遇到这种情况，最简单的解决办法是：取出部分料液，补加一些接种物。另外用草木灰、石灰水或氨水将酸碱度调到 pH 接近 7.0 也有效果。但是若料液中的挥发性脂肪酸浓度已经达到抑制水平以上，调节酸碱度效果不大，启动仍不能顺利完成。采取加水稀释料液的办法来调节酸碱度效果不大。

（四）原料混入有毒物质

原料或水中混入农药等有毒物质后，会毒杀沼气池中的沼气发酵微生物，使发酵启动失败，此时除重新启动之外别无它法。

■ 发酵中断后的恢复

沼气池启动后，只要按照发酵工艺要求和技术要点操作，发酵一般是不会中断的。发生发酵中断一般是由操作失误造成的，操作失误的因素有：①一次加料太多或者料液浓度突然增大。也就是说沼气池受到"超负荷冲击"，出现产气不正常、发酵中断等现象。采用恒温、连续发酵工艺的大中型沼气工程可能出现这种情况。②温度突然升高或下降，超越沼气微生物的忍受力而造成发酵中断。③料液中出现了未曾预料的组分使料液突然变酸或变碱，变成对沼气微生物有毒的物质而造成发酵中断等。

一旦发现发酵中断或受阻，首先应查明原因，再采取相应措施：

（1）如果是"超负荷"引起的发酵中断，则应立即停止加料，让微生物逐步恢复代谢功能，然后逐步增加负荷，使其达到正常运转。

> **！温馨提示**
>
> 只要按照发酵工艺要求和技术要点操作，沼气池启动一般不会失败。一些处理特殊废水的大中型沼气工程，启动要求要复杂得多，花的时间甚至长达数月，通常需用仪器监测启动情况并由负责设计单位来完成启动。

调节到正常运转所需的时间决定于受到冲击的强度和延续时间以及恢复的措施。如果经调节仍不能恢复正常运转，只有重新启动。

（2）温度突然变化引起的发酵中断，只要温度变化的时间不长，一旦发酵温度恒定下来，发酵一般也可以恢复正常。

（3）由发酵料液酸碱度变化而引起发酵中断，如果这种变化仅是暂时的，一般可以逐步恢复正常。如果这种变化是长期的，则应重新调整发酵工艺并采取相应措施，如首先调控发酵物料酸碱度，再进池厌氧发酵。

（4）如果物料中的毒物是因生产工艺改变而引起的，则应重新驯化菌种，使其适应这种毒物或降解它们。由农药或其他毒物引起的发酵中断，则应换料，重新启动。

> ⚠️ **温馨提示**
>
> 使用鸡粪、人粪为原料而又采用半连续或批量发酵工艺的沼气池，常常出现初期就不正常产气，或初期产气好、以后产气逐渐不正常的现象。前者是启动不正常。后者虽然启动正常，但由于鸡粪和人粪在厌氧消化过程中产生的氨氮过多，形成氨抑制，如不能通过产甲烷菌及时转化，它们会逐渐积累，致使沼气微生物逐渐中毒，引起整个发酵逐渐失效。遇到这种情况，一是采用补加富碳原料或接种物的办法，使其发酵恢复正常。二是改半连续发酵为连续发酵，并采用适宜的进料浓度、水力滞留期及发酵温度。

■ 结壳的防除

静态发酵沼气池经常出现结壳现象，影响正常发酵和产气。为了防止出现结壳，除增加搅拌设施外，还可以采取一些辅助办法来减少结壳的影响。这些办法常用的有：

（1）使用秸秆原料时，预先进行粉碎和堆沤处理。

（2）粪便入池之前尽量混合均匀。

（3）利用旋流布料自动破壳装置自动破壳。

（4）用活塞式出料搅拌装置强制循环池内料液，达到破壳的目的。

实践表明，使用粪草混合原料进行湿发酵时，即使设置搅拌装置也难以完全防止结壳。对于完全以粪便为原料的沼气池，增加简易搅拌设施，可以达到混合原料和消除结壳的目的。

参考文献

邱凌.1997.沼气高效生产与利用.北京：科学技术文献出版社.

邱凌，王飞.2012.沼气物管员（高级工）.北京：中国农业出版社.

陕西省地方标准.2010.DB61/T 501—2010 农村中小型畜禽养殖场沼气工程运行管理规范.西安：陕西省质量技术监督局.

单元自测

1. 沼气系统启动工艺有几步？各步骤的关键技术是什么？
2. 沼气发酵装置启动后不产气的原因有哪些？如何排除？
3. 沼气发酵装置产气中断的原因有哪些？如何排除？
4. 沼气发酵装置中物料结壳的原因有哪些？如何排除？

技能训练指导

以鲜猪粪为原料，给 20 米³沼气池调配浓度 8% 的启动料液

1. 提供条件：提供鲜猪粪（TS 含量为 20%）若干；正常产气沼气池中的沼肥 2.5～3 米³；草木灰和石灰水；锹、水桶、水源、锄状铲；pH 试纸或工业酸度计、温度计；纸张、铅笔、计算器等文具用品。

2. 训练目标：以鲜猪粪为原料，给 20 米³沼气池调配浓度 8% 的启动料液。

3. 操作要点：

（1）按照"接种物：原料：水＝1：2：5"的比例计算 20 米³沼气池调配浓度 8% 的启动料液的配料量。

（2）将接种物、原料、水按照8％的启动料液均匀混合。

（3）水温检测与调控。

（4）用pH试纸或工业酸度计测料液的pH，按发酵工艺要求将发酵料液pH调控在7.0左右。

学习
笔记

图书在版编目（CIP）数据

沼气生产工 / 邱凌主编 . —北京：中国农业出版
社，2014.10
农业部新型职业农民培育规划教材
ISBN 978-7-109-19640-7

Ⅰ.①沼… Ⅱ.①邱… Ⅲ.①沼气–生产–技术培训
–教材 Ⅳ.①S216.4

中国版本图书馆 CIP 数据核字（2014）第 232600 号

中国农业出版社出版
（北京市朝阳区麦子店街 18 号楼）
（邮政编码 100125）
策划编辑 张德君 司雪飞
文字编辑 李兴旺

北京通州皇家印刷厂印刷 新华书店北京发行所发行
2014 年 11 月第 1 版 2014 年 11 月北京第 1 次印刷

开本：700mm×1000mm 1/16 印张：17
字数：230 千字
定价：31.00 元
（凡本版图书出现印刷、装订错误，请向出版社发行部调换）